KB119507

수의사가 가장 많이 듣는
질문 243개를 모은

집사의

The Manual of Cat Butler

매뉴얼

수의사가 가장 많이 듣는
질문 243개를 모은

집사의

The Manual of Cat Butler

냥캐스트 지음

매뉴얼

귀지가 너무 많아요

꼬리를 세우는 건
무슨 뜻인가요

변비가 있어요

입 안에
혹이 있어요

밥을 안 먹어요

위즈덤하우스

프롤로그

고양이는 아픈 티를 내지 않습니다. 과거 야생에서 생활하던 고양이는 다른 동물에게 자신의 약점을 노출하지 않기 위해서 아픈 티를 내지 않는 본능을 가지고 있지요. 그러나 의도했든 아니든 아프다는 단서나 신호를 남기기도 합니다. 평소보다 밥을 덜 먹기도 하고, 물을 엄청 많이 마시기도 합니다. 이렇게 고양이만의 언어로 아프다는 걸 표현하며 손을 내밀고 있는데, 혹시 우리가 알아채지 못하고 있는 것은 아닐까요?

고양이가 평소와 다른 모습을 보여 아픈 것은 아닌지 걱정이 될 때, 집사들은 보통 인터넷이나 커뮤니티 등에서 우선 정보를 찾습니다. 하지만 검증되지 않은 정보의 홍수 속에서 오히려 혼란스러움을 느끼기도 하지요. 가장 확실한 방법은 동물병원에 고양이를 데리고 가서 수의사에게 진료를 받는 것이지만 동물병원에 가야 하는 것인지, 별문제가 아닌 것인지 판단이 어려운 경우도 있습니다.

이런 고민의 순간에 믿을 만한 정보를 주고, 이상 증상과 정상 상태를 1차

4

적으로 구별할 수 있는 가이드를 제공하기 위해서 이 책을 쓰게 되었습니다. 집사님과 수의사를 연결하는 마땅한 연결 고리를 찾기 어려울 때, 이 책이 그런 역할을 하게 되기를 바라면서요. 그런 책을 만들기 위해 고양이에게 푹 빠진 서울대학교 수의과대학 출신의 수의사 5인이 모였습니다.

『집사의 매뉴얼』은 고양이를 건강하게 키우기 위한 핵심 정보를 담고 있습니다. 총 243개의 질문과 답변 형식으로 구성하여, 집사들의 궁금증을 해소해 줄 내용을 응축하여 담았습니다. 읽다 보면 자연스럽게 궁금증이 해소될 수 있도록 설계했기에, 지루하고 딱딱하지 않게 읽을 수 있습니다. 어려운 용어와 질병에 대한 사전적 설명보다는 집사의 입장에서 활용하기 쉬운 책을 만들기 위해 다섯 명의 수의사들이 머리를 맞대어 고민하고 또 고민했습니다. 수없이 많은 회의와 의논 끝에 태어난 책인 만큼 어렵지 않게 고양이를 키울 때 꼭 필요한 지식을 자연스럽게 습득할 수 있을 것입니다.

어떻게 하면 질병과 관련된 고양이의 시그널을 집사들이 놓치지 않을 수

있을까 고민한 끝에 질문 형식으로 구성했습니다.

우선 '집사가 묻는다'로 실제로 집사들이 묻고 싶은 질문을 엄선하여 모았습니다. 동물병원에 가서 묻고 싶은 진솔한 질문들과 이에 대한 수의사들의 상세한 답변이 함께 수록되어 답답한 집사의 마음을 시원하게 풀어 드리고자 했습니다.

이어 '수의사가 묻는다' 코너로 동물병원에서 수의사가 진료를 보며 묻는 주요 질문들을 모았습니다. 질병 관련 중요 포인트를 짚어 주는 질문들입니다. 수의사들이 중요하게 생각하는 포인트들을 자연스레 알게 되며, 책을 읽으며 질문에 대한 대답을 생각해 보며 고양이의 시그널을 놓치지 않는 훈련을 할 수 있습니다.

그리고 이런 설명들의 핵심을 모아 'Summary'에 정리했습니다.

고양이가 아프지 않더라도 한번 자세히 읽어 보시길 권합니다. "아는 만큼 보인다"라는 말이 있죠. 이전에는 무심코 지나갔던 고양이의 이상 신호

도 보다 잘 눈치챌 수 있는 힘을 갖게 될 것입니다. 그러고 나서 고양이에게 이상한 변화가 감지된다면 관련된 부분을 찾아 읽어 보시면 도움이 될 겁니다.

세상의 고양이들이 아프지 않기를 바라는 마음으로, 그리고 아픈 고양이들은 빨리 적절한 치료를 받는 데 도움이 되길 바라는 마음으로 쓴 책입니다. 고양이의 건강이 걱정될 때면 언제나 펼쳐 볼 수 있는 '집사 생활의 동반자' 같은 책이 되었으면 좋겠습니다. 평소에는 잊고 지내다가도, 걱정되는 순간에 도움이 되는 그런 책이었으면 합니다. 이 책을 통해서 동물병원에서 수의사와 소통하는 데 좀 더 도움이 되기를, 그리고 고양이가 평소와 다를 때 상태를 가늠하고 적절한 대처를 하는 데 도움이 되기를 바랍니다.

CONTENTS

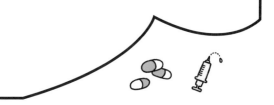

Chapter 1

귀

귀를 긁어요

🐾 요즘 귀를 계속 가려워해요. 왜 그럴까요?

　최근에 다른 고양이를 만나지는 않았나요? 고양이는 경계심이 무척 많기 때문에 간혹 다른 반려동물과 싸우기도 하는데요, 주로 공격하는 부위가 머리 쪽이어서 귀를 다치기 쉽습니다. 그리고 여름철에 벌레가 털이 적은 귀 부위를 물었을 때도 가려워할 수 있습니다.

　혹시 창가에 앉아서 햇볕 쬐기를 좋아하는 고양이라면 자외선에 쉽게 노출되는 귀의 끝부분에 화상 비슷한 상처를 입기도 하는데요, 방치된 상처는 암으로 발전할 수 있으므로 주의해야 합니다.

귀를 긁는 것과 동시에 머리를 털려고 한다면 귀에 무언가 들어 있는지 확인해 보세요. 외출냥이라면 풀잎을 비롯한 이물질이 발견되기도 합니다. 귀에 혹이 생긴 경우에도 가려울 수 있습니다. 동물병원에서 이 혹이 종양인지 아닌지와 귓속에서 얼만큼 부피를 차지하는지를 확인하기 위한 세포 검사와 영상 검사를 할 수 있습니다. 결과에 따라 혹을 제거하는 외과적 처치가 필요할 수 있습니다.

귀를 자세히 보니 더러워요. 귓병이 있는 걸까요?

가려움 외에도 귀지, 발적붉게 변함 등이 관찰되고 냄새가 난다면 세균, 곰팡이 혹은 진드기 감염 등으로 생기는 '외이도염'이 의심됩니다. 집에서 기르는 고양이들은 관리가 잘 이루어지기 때문에 외이도염이 적지만, 면역력이 약한 어린 고양이들은 감염으로 고생하기도 한답니다. 그리고 귀 진드기는 같이 사는 고양이나 강아지에게 전염될 수도 있습니다. 외이도염은 아주 가렵기 때문에 고양이가 귀를 긁다가 피부 속 모세혈관이 터지기도 하는데요, 자칫하면 혈종내부에 혈액이 차는 혹이 생겨 귀가 찌그러질 수 있습니다. 따라서 동물병원에 가기 전까지 추가적인 손상을 막기 위해 넥칼라를 착용해 주시면 좋습니다.

귀뿐만이 아니라 다른 부위도 간지러워해요. 왜 그런가요?

긁는 부위가 귀뿐만이 아니라면 전신 피부 질환을 생각해 보아야 합니다. 먼지나 음식 등에 알레르기 반응을 보이는 경우가 있습니다. 알레르기 반응으로 귓속 분비선의 작용이 과다해지면서 귀 안쪽이 습하고 따뜻해지면 감염되기 쉬우니 가능하면 알레르기 유발 물질을 찾아 치료하고, 이후에도 알레르기 반응이 유발되지 않도록 하는 약물을 복용해야 합니다.

만약 귀를 포함해서 전반적인 피부에 원형으로 털이 빠진다면 최대한 빨리 동물병원에 가야 합니다. 고양이에게 흔한 피부사상균증ringworm 감염이 의심되는 상황이고, 이는 사람에게도 전염될 수 있기 때문입니다.

수의사가 묻는다

❗ 평소 귀 청소를 주기적으로 해 주시나요?

고양이는 평소에 혀와 앞발로 몸을 정돈하는 '그루밍'을 통해 몸을 청결하게 유지하는 동물이지만, 귓속까지는 손길이 닿지 않습니다. 단순한 상처라도 귓속이 더러우면 2차적으로 감염되기 쉽기 때문에 집사가 귓속 상태를 주기적으로 확인하고 지저분한 경우에는 청소해야 합니다. 단, 동물병원에서는 귀에 생긴 귀지나 상처를 통해 질병을 진단하므로 동물병원 방문 전에는 귀 청소를 하지 않는 것이 좋습니다.

❗ 고양이 발을 깨끗하게 유지하고 있나요?

　고양이가 그루밍을 할 때 혀와 함께 발도 많이 사용하는데, 발이 더러운 상태라면 그루밍은 오히려 염증을 유발합니다. 귀에 상처가 나서 가려움을 느낀 고양이가 오염된 발로 귀를 긁는 경우도 마찬가지겠죠. 이를 예방하기 위해 특히 화장실이나 보금자리를 청결하게 유지해야 합니다. 또 외출하고 나서는 발바닥을 잘 닦아 주는 것도 잊지 말아야 합니다.

❗ 머리를 흔들거나 고개를 한쪽으로 갸우뚱하지는 않나요?

　고양이가 귀를 긁는 이유가 외이도염인 경우, 방치하다가 시간이 지체되면 고막 안쪽까지 병이 퍼져서 '중이염' 혹은 '내이염'으로 진행됩니다. 고막 안쪽에는 평형감각을 관장하는 기관과 신경들이 노출되어 있는데 이 부위에 염증이 생기면 고양이가 걸음을 제대로 걷지 못하거나 안면 마비, 청력 소실 등의 문제가 생길 수 있습니다. 따라서 반드시 초기에 제대로 관리해 주어야 합니다. 집사가 고양이 외이도염이

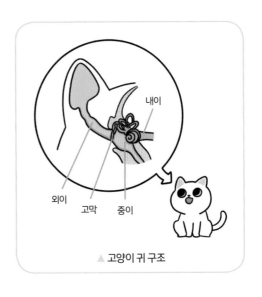

▲ 고양이 귀 구조

완치되었다고 판단하고 치료를 임의로 중단하는 경우도 있는데 외이도염은 확실히 치료하지 않으면 재발할 가능성이 높기 때문에 인내심을 갖고 지속하여 관리해야 합니다.

>>> Summary

• 귓속에 귀지가 있고 냄새가 난다면 세균이나 곰팡이 등 감염이 의심됩니다.
• 귀 외 다른 신체 부위도 간지러워하면 전신 피부 질환을 고려해야 합니다.
• 올바른 방법으로 주기적인 귀 청소를 해 주는 것이 가장 좋은 귓병 관리법입니다.

귀지가 너무 많아요

🐾 고양이 귀에 귀지가 가득해요. 왜 그런가요?

　가려움이 심하지 않은 어느 정도 양의 귀지는 정상이지만, 귀지가 많이 관찰된다면 질병일 가능성이 높습니다. 고양이에게 귀지는 주로 염증 때문에 생깁니다. 귀에 염증을 유발하는 원인은 감염성으로 귀 진드기, 세균, 곰팡이부터 알레르기까지 다양합니다. 동물병원에서는 귀지 및 주위 털에 대한 현미경 검사와 검이경을 통해 귀 상태를 관찰하고 원인을 밝힙니다.

❖ 귓속이 눅눅하면 안 좋을 것 같아서, 휴지로 닦아 주고, 드라이어로 한 번씩 말려 주고 있어요. 잘하고 있는 걸까요?

부드러운 화장솜으로 닦아 주면 좋고, 마른 휴지나 면봉은 예민한 고양이 귀에 손상을 유발할 수도 있기 때문에 쓰지 않는 편이 좋습니다. 집에서 귀 청소를 할 때는 귀 세정제를 솜에 덜어 가볍게 귀 전체를 마사지해준 후 닦아 냅니다. 페르시안이나 스코티시폴드처럼 귀가 누워 있는 품종은 귀에 바람이 잘 통하지 않아 외이도염이 더 빈번하게 생길 수 있으므로 더욱 신경 써야 합니다.

하지만 귀 질병이 심각하여 이미 고막이 손상된 상태에서 세정제가 고막을 넘어가면, 고막 안에 있는 청각 신경을 손상할 수 있습니다. 따라서 귀 질병이 심한 고양이라면 세정제를 사용하기 전, 동물병원에 가서 귀 상태에 대한 진단을 먼저 받으시는 것을 추천합니다.

드라이어를 사용할 때에는 찬 바람을 이용하면 좋습니다. 뜨거운 열로 말리면 오히려 과도하게 건조해져서 피부에 자극이 갈 수 있기 때문입니다.

❖ 귀를 만지는 것을 너무 싫어하는데, 동물병원에서 검사를 받는 것이 고양이에게 무리가 되지는 않을까요?

귀를 만지는 것을 싫어할 정도로 아파한다면 더더욱 동물병원에서 진료를 받아야 합니다. 동물병원 의료진들은 고양이를 다루는 데에 숙련되어, 안전하게 진료합니다. 만약 통증이 매우 심하다면 고양이의 안전과 스트레스 완화를 위해 진정제 투여가 필요할 수도 있습니다. 귀 질환이 심한 경우 중이, 내이에 대한 면밀한 평가를 위해 CT, MRI 등 추가적인 영상 검사가 필요합니다.

수의사가 묻는다

❗ 고양이의 귀지 색이 어떤 색인가요?

귀지의 색과 모습을 기록하고 사진을 보여 주면 진료에 도움이 됩니다.

검고, 겉은 반질반질해요

귀 진드기일 가능성이 높습니다. 집에서는 귀 세정제를 이용하여 귀를 자주 닦아 주면 도움이 됩니다. 전염이 되기 쉽기 때문에 반려묘나 반려견이 있다면 함께 진료 받는 것을 추천합니다.

노랗거나, 녹색 빛을 띠고 끈적끈적해요

세균, 곰팡이 둘 다 가능합니다. 어떤 종류의 세균 또는 곰팡이가 질병을 유발했는지 평가하는 것이 중요합니다. 공격적으로 귀 안을 파고드는 세균에 감염되었다면 청력까지 잃을 수 있습니다. 빠른 시일 내에 꼭 수의사와 상담하셔야 합니다.

귀지의 색과 모습만으로 정확한 원인을 알 수는 없으며, 동물병원에서 검사를 통해 원인을 판명해야 합니다. 검사를 통해 어떤 감염체인지, 원인이 되는 세균에 잘 듣는 항생제가 무엇인지 확인하여 효과적으로 치료할 수 있습니다.

❗ 특별한 사건이나, 기존에 앓고 있던 질병은 없나요?

어떠한 사건 이후에 감염이 되어 귀지가 생기는 경우도 많습니다. 그래서 '동거묘가 귀를 할퀸 것 같아요'와 같은 상세한 이야기를 해 주시면 도움이 됩니다. 최근에 고양이가 먹었던 음식이나 사료를 알려 주시는 것도 좋습니다. 기존에 고양이가 앓던 질병들도 빼놓지 않고 알려 주셔야 합니다. 고양이들은 강아지만큼 흔하지는 않지만 음식 알레르기나 아토피 때문에 귀지가 생기는 경우도 있기 때문입니다.

>>> Summary

• 귀지의 색과 모습을 확인하고 귀를 자주 긁지는 않는지 자세히 관찰해야 합니다.
• 원인에 따라서는 집에서 하는 간단한 처치가 자칫 상태를 악화시킬 수 있으므로, 동물병원에 가서 정확한 진단을 받아야 합니다.
• 무엇보다도 평소 귀를 깨끗하게 관리해 주는 것이 중요합니다.

귀에 혹이 났어요

  집사가 묻는다

🐾 고양이 귀에 혹이 나는 것이 흔한 편인가요? 왜 생기나요?

흔하지는 않습니다. 다만 나이가 들수록 발생 가능성이 증가합니다. 귀의 혹은 별다른 이유 없이 생길 때가 많지만, 귀 질환 치료에 소홀해서 발생할 수도 있습니다. 예를 들어 귀에 생기는 혈종이라는 혹은 고양이가 귀를 긁거나 털다가 생기기도 하는데, 귀 진드기 질환을 치료하지 않으면 가려워서 계속 긁게 되므로 증가할 수 있습니다.

혹을 그냥 두면 안 되나요?

혹을 방치하는 것은 좋지 않은 선택입니다. 혹을 발견했다면 동물병원에서 정확한 평가를 받는 것이 필요합니다. 고양이가 귀의 혹을 불편해할 수 있으며, 심한 경우 악성 종양일 가능성도 있습니다. 고양이가 혹이 거슬려서 머리를 세게 털거나 귀를 긁으면, 피가 나거나 염증이 생기기 십상입니다. 악순환이 계속되면 귀 내부가 좁아지고 귓바퀴가 기형으로 변하기도 합니다. 귀의 혹이 종양이어서 수술이 필요한데도 수술을 하지 않고 둔다면, 심한 경우 평형감각을 담당하는 기관이 위치하는 귀의 안쪽까지 종양이 번져서 고양이가 균형 감각을 잃어버릴 수도 있으니 치료를 받으시길 권장합니다.

혹이 있으면 반드시 수술해야 하나요?

고양이의 상태나 혹의 종류, 크기에 따라서 수술 여부가 결정됩니다.

고양이의 상태

고양이가 혹 때문에 불편해한다면 수술을 해서 혹을 제거해 줄 수 있습니다. 고양이의 전반적인 건강 상태가 수술을 견딜 수 있는지도 중요합니다. 예를 들어 심한 신장 질환이 있어서 마취가 불가능하다면 혹 제거 수술을 진행하지 못할 수 있습니다.

혹의 종류

염증인지 종양인지, 귓속을 얼마나 차지하고 있는지 등에 따라서 수술 가능성, 수술 범위 등이 결정될 수 있습니다.

🐾 좀 더 신경 쓸 수 있는 부분이 있을까요?

귀의 혹이 주변 부위를 자극해 가렵거나 신경이 쓰여서 고양이가 귀를 평소보다 많이 긁을 수 있습니다. 고양이가 귀를 긁는다면 장난감으로 주의를 분산시키는 것도 도움이 됩니다. 너무 많이 긁으면 넥칼라를 씌워서 긁지 못하게 해 주세요.

수의사가 묻는다

❗ 귀에 혹은 언제 생겼나요? 혹의 크기가 변했나요?

혹을 발견했다면 가급적 빨리 동물병원에 가야 합니다. 조기에 치료할 경우, 더욱 높은 치료 효과를 기대할 수 있기 때문입니다. 혹이 생긴 시기, 발견 시점에 혹의 크기 등을 기록해 두면 도움이 됩니다. 혹이 빠르게 커진다면 보다 적극적인 치료가 필요합니다.

❗ 귀에서 피가 났나요?

귀를 가렵게 하는 질환이 있으면, 고양이가 과하게 머리를 흔들거나 귀를 긁다가 피가 날 수 있습니다. 우선 머리를 계속 흔들지 않도록 고양이를 안정시켜 주세요. 그리고 화장솜을 피가 나는 부위에 대고 지그시 눌러 주세요. 면으로 된 손수건을 이용하셔도 좋습니다. 피가 멈출 때까지 최대 10분 동안 지혈을 해 줍니다. 혈액이 피부 아래로 고이면 혈종이 생길 위험이 있습니다. 출혈이 반복되지 않도록 가려움을 유발하는 질병을 치료해야 합니다.

>>> Summary

• 가려움을 유발하는 귀 질환이 있다면 치료를 받아야 하고, 과도하게 긁지 않도록 신경 써 줍니다.
• 혹을 발견했다면 동물병원에서 진료를 받아야 합니다.
• 혹 제거 수술의 필요성, 범위 등은 상태에 따라 다르므로 수의사와 상담해야 합니다.

소리를 못 듣는 것 같아요

 집사가 묻는다

👣 우리 고양이가 소리를 못 듣는지 어떻게 확인할 수 있나요?

고양이의 바로 뒤에서 이름을 부르거나 소리를 내면 쉽게 확인할 수 있습니다. 소리가 들리면 고양이는 소리가 들리는 쪽으로 귀를 까딱이거나 고개를 돌려 보는 등의 반응을 보일 것입니다. 이때 손뼉을 치거나 발을 굴러 소리를 내면 소리가 들리지 않아도 바람이나 진동으로 고양이가 알아차릴 수 있어서 정확한 평가가 어려우니 소리만 내서 확인합니다.

고양이가 소리를 못 들을 때 나타나는 대표적인 증상 두 가지는 다음과 같습니다.

- 모든 소리에 반응을 보이지 않는다.
- "야옹" 하고 우는 소리를 매우 크게 낸다.

이런 증상을 보이면 소리를 듣지 못할 가능성이 높고 정확한 진단을 위해서는 동물병원에 가서 검사를 받아야 합니다.

소리를 못 듣는 고양이를 입양해도 될까요?

입양하려는 고양이가 소리를 못 듣는다면 입양이 망설여질 수 있습니다. 함께 생활하는 데 불편하거나, 고양이에게 귀 말고 다른 문제도 있는 것은 아닌지 걱정하실 수도 있습니다. 하지만 청력 문제는 다른 건강 문제와는 큰 관련이 없기 때문에 걱정하지 않으셔도 괜찮습니다. 소리를 못 듣는 고양이도 똑같이 귀엽고 사랑스러운 고양이기 때문에 집사가 조금만 더 신경을 쓴다면 충분히 행복하게 지낼 수 있답니다.

나이가 들어 소리를 못 듣는 고양이를 위해 어떻게 해 주는 게 좋을까요?

소리를 못 듣는 고양이는 시각을 비롯한 다른 감각에 더 의존하고 예상하지 못한 자극에 더 민감하게 반응할 수 있습니다. 따라서 소리보다는 시각적인 동작이나 진동을 이용해서 고양이가 상황을 파악할 수 있도록 하는 배려가 필요합니다. 소리를 못 듣는 고양이에게 다가갈 때는 갑자기 접근하기보다 천천히 다가가며, 다가가는 모습을 보여 주는 것이 좋습니다. 고양이를 부를 때는 소리 대신 손뼉을 살짝 치거나 발을 가볍게 굴러서 진동을 만드는 등 고양이와의 의사소통 방법에 새로운 약속이 필요합니다. 손뼉을 쳐서 고양이가 돌아보거나 다가왔을 때 고양이에게 간식을 준다면, 고양이가 새로운 약속에 빨리 적응할 수 있습니다.

　외출을 즐기던 고양이라도 소리를 못 듣게 된 이후에는 바깥에 돌아다니지 않게 해야 합니다. 갑자기 다가오는 자동차 소리나 다른 동물들이 내는 소리를 듣지 못해 사고가 발생할 가능성이 높기 때문입니다.

수의사가 묻는다

❗ 어떤 품종의 고양이인가요?

　일부 고양이들은 유전적인 문제 때문에 태어나면서부터 소리를 못 듣기도 합니다. 유전적인 청력 문제는 색소와 관련이 있는 경우가 많아서 푸른 눈을 가진 흰색 고양이에게 특히 많이 나타납니다. 유전적으로 소리를 못 들을 위험성이 높은 품종으로는 흰색 페르시안, 터키시 앙고라, 래그돌이 있습니다.

❗ 혹시 귓병을 앓고 있나요?

외이도염, 귀 종양 또는 고막파열 등 귓병으로 인해 청력에 문제가 생기기도 합니다. 귓병 때문에 청력에 문제가 생긴 고양이는 증상 초기에 적절한 치료와 약물 처치를 받는다면 청력을 다시 회복할 수도 있습니다. 정확한 원인 파악과 치료를 위해서는 동물병원에 방문하여 검사를 받아야 합니다.

>>> Summary

• 고양이가 소리를 못 듣는 원인으로는 유전적인 문제, 노화, 질병 등이 있습니다. 이 중 귓병은 초기에 적절히 치료하면 다시 청력이 회복되기도 합니다.
• 집에서 간단히 고양이의 청력 테스트를 할 때는 고양이 바로 뒤에서 소리를 내서 반응하는지 확인합니다.
• 소리를 못 듣는 고양이도 시각, 촉각, 진동 등을 이용하여 충분히 의사소통할 수 있기 때문에 조금만 더 신경 쓰면 다른 고양이들처럼 행복하게 지낼 수 있습니다.

귀 청소하기

귀 안쪽은 고양이 스스로 관리하기 어려운 부분이라 집사의 손길이 필요합니다. 하지만 잘못된 방식으로 귀 청소를 하면 오히려 손상을 일으킬 수 있습니다. 올바른 방법을 익히는 것이 중요합니다.

• 준비물 •

귀 청소액, 화장솜(면봉을 이용하면 귀에 상처가 날 수도 있으니, 가급적 화장솜을 이용해 주세요)

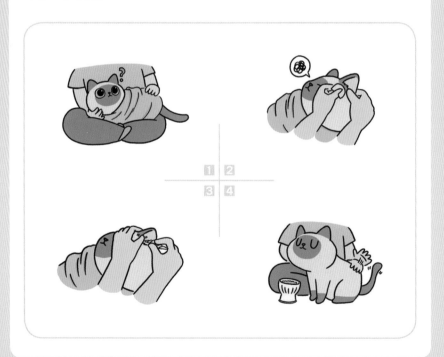

1 고양이가 움직이지 않도록 잡거나 안아 줍니다. 많이 움직인다면 수건 등을 이용해서 고양이를 감싸도 좋습니다.

2 귀 청소액을 화장솜에 적셔 주세요. 적신 화장솜을 이용해서 귓바퀴부터 마사지하듯 부드럽게 닦아 줍니다.

3 좀 더 안쪽을 닦을 때는 화장솜을 돌돌 말아서 닦아 주세요. 돌돌 만 솜을 귀 안에 넣습니다. 이때 솜을 귓속으로 무리해서 밀어 넣을 필요는 없습니다. 솜이 들어가는 데까지만 넣어 주면 됩니다. 한 손으로는 솜을 잡고, 다른 한 손으로 귀를 마사지하듯이 가볍게 문질러 줍니다.

4 귀 청소를 마치면 잘했다고 칭찬해 주세요.

Chapter 2

훈

눈곱이 껴요

 집사가 묻는다

🐾 왜 눈곱이 끼나요?

눈이 자극을 받아 눈에서 나오는 분비물이 많아지면 눈곱이 생깁니다. 일회성 자극에도 눈곱이 낄 수 있지만, 심한 질병으로 인해서 생길 때도 있습니다.

- 상부 호흡기계 감염헤르페스 바이러스 감염

- 다른 질병으로 인한 발열

- 동거묘와의 싸움으로 인한 눈의 상처

- 고양이 스스로 눈을 비비다가 난 상처

- 눈에 염증 발생

- 주위 털이 눈을 찌름

- 안구건조증

눈곱이 심하게 많아지는 원인 중에 고양이 상부 호흡기계 감염이 있습니다. 헤르페스 바이러스를 비롯한 감염으로 인해서 생기는 질병이죠. 고양이 헤르페스 바이러스 감염증은 흔한 질병으로, 눈에도 영향을 줄 수 있습니다.

그리고 다른 질병으로 인해 열이 날 때, 동거묘와 싸우거나 스스로 비비다가 눈에 상처가 났을 때, 눈에 염증이 생겼을 때도 눈곱이 낍니다. 눈 주위의 털이 눈을 찌르는 방향으로 났거나, 눈꺼풀이 안쪽으로 말려서 자꾸 눈을 찌른다면 눈물 양이 많아져서 눈곱이 낄 수 있습니다. 안구건조증으로 인해 눈물층이 줄어들어 눈이 잘 보호받지 못해서 염증이 쉽게 발생하는 것이 원인일 수 있어요. 동물병원에서 어떤 원인인지 살펴보는 것이 꼭 필요하겠죠?

또한 먼지가 많이 나는 화장실 모래를 쓸 때도 눈곱이 잘 낄 수 있습니다. 모래를 바꾸고 나서 눈곱이 많아졌다면 모래를 다른 종류로 바꿔보세요.

헤르페스 감염 시 신경 쓸 것은 무엇이 있나요?

먼저 눈곱이나 콧물을 자주 닦아 주세요. 닦을 때는 천으로 된 부드러운 손수건을 따뜻한 물에 적신 후 사용합니다. 손수건은 너무 뜨겁지 않게 적당히 식혀 주세요. 알코올 솜으로 자주 닦으면 눈과 코에 자극이 심할 수 있습니다. 홈케어할 때엔 소독솜보다는 따뜻한 물을 이용해 주세요.

그리고 고양이가 눈을 비비지 않도록 넥칼라를 씌워 주세요. 자꾸 긁거나 비비면 더 안 좋아질 수 있으니까요.

고양이가 있는 환경을 습윤하고 따뜻하게 만드는 것도 중요합니다. 고양이가 평소에 이동장을 편안하게 느낀다면, 이동장을 이용해 고양이 전용 스파를 만드는 것도 좋은 선택입니다. 이동장 위와 옆에 물기를 짠 따뜻한 스팀 수건을 덮어 주고, 밖에는 김이 날 정도로 데운 물을 담은 대야를 가까이에 놓으면 됩니다.

집사의 샤워 찬스를 이용할 수도 있어요. 따뜻한 물로 샤워하면 화장실이 습하고 더워지는 것을 이용하는 방법입니다. 샤워할 때 화장실에 고양이를 같이 데리고 들어가세요. 집사는 샤워 부스에서 따뜻한 샤워를, 고양이는 화장실에서 따뜻한 스팀을 즐기면 됩니다(72p '고양이 전용 스파 만들기' 참고). 고양이에게 물이 튀지 않도록 커튼을 치거나, 샤워 부스 문을 닫아주세요. 화장실에서 고양이가 편안하게 있을 수 있도록 포근한 수건을 깔아 주셔도 좋습니다.

미식가들은 음식을 눈으로 코로 입으로, 세 번 먹는다고 하죠. 고양이도 냄새로 음식을 느낀답니다. 그런데 헤르페스 감염증에 걸리면 코도 같이 막힐 때가 많아요. 코가 막히면 냄새를 잘 맡지 못해 식욕이 떨어집니다. 이럴 땐 음식을 데우면 냄새가 더 잘 나기 때문에 식욕을 돋울 수 있습니다. 또한 한꺼번에 많은 양의 음식을 주는 것보다, 먹을 만큼만 데워서 자주 줄 때 고양이가 더 맛나게 먹을 수 있어요. 데워 줘도 밥을 잘 먹지 않는다면, 평소에 고양이가 좋아하는 음식 중 영양 성분이 풍부한 것을 주세요. 이런저런 노력에도 불구하고 고양이가 밥을 계속 먹지 않는다면 심각한 상황이므로 동물병원에서 조속한 치료를 받아야 합니다.

한번 헤르페스 감염증에 걸렸던 고양이는 스트레스를 받거나 아프면 재발할 수 있으니 특히 신경 써야 해요. 유산균이 헤르페스 감염증에 걸렸던 고양이의 면역력을 키운다는 연구 결과가 있으므로, 이를 먹이는 것이 도움이 될 수 있습니다.

 수의사가 묻는다

❗ 눈에 다른 변화는 없나요?

눈물의 양이 많은지, 눈이 붉어졌는지, 부었는지 등을 확인하세요. 눈에 이러한 변화가 있다면 질병 때문에 눈곱이 생겼을 가능성이 높으므로 동물병원에서 검사 후 원인에 맞는 치료를 해야 합니다.

❗ 기침은 안 하나요? 밥은 잘 먹나요?

콧물 또는 기침이나 재채기를 동반한 전신적인 증상이 동반되었는지 잘 살펴 주세요. 식욕의 변화는 없었나요? 밥을 먹지 않는 것은 몸 전체에 영향을 주는 심각한 문제입니다. 특히 밥을 며칠 동안 먹지 않았다면 동물병원에 빨리 데려와서 응급치료를 받아야 합니다.

>>> Summary

• 고양이 상부 호흡기계 질병, 눈물 과다 또는 안구건조증, 전신이나 눈에 발생한 염증 등으로 인해 눈곱이 증가할 수 있습니다.
• 눈에 다른 증상도 있다면 안과 질환에 따른 눈병일 가능성이 높으므로 진료를 받아야 합니다.
• 헤르페스 바이러스 감염증이라면 집에서의 관리(환경, 보조제)가 중요합니다.

눈이 빨개요

집사가 묻는다

• 고양이 눈이 빨간데, 하루 정도는 지켜봐도 될까요?

눈은 매우 섬세하고 예민한 기관으로, 한번 기능이 손상되면 회복이 어렵습니다. 사람의 눈이 피로하면 충혈되는 것처럼 일시적인 현상일 수 있지만 고양이는 집사에게 이유를 말해 줄 수 없으므로 하루 이상 지켜보는 것은 위험합니다. 게다가 눈은 구조가 워낙 복잡해서 전문 장비 없이 집사가 상태를 파악하기 어렵기 때문에 망설이지 말고 동물병원에 가는 것이 현명합니다.

⦿ 충혈된 눈에서 눈물이 많이 나고 노란 눈곱도 껴요

　세균이나 바이러스 감염으로 인한 결막염이 고양이에게는 상대적으로 흔합니다. 결막은 쉽게 말하면 흰자위와 눈꺼풀의 안쪽을 덮고 있는 막인데요, 충혈을 생각하면 가장 먼저 떠오르는 이미지가 바로 결막염으로 인한 흰자위와 눈꺼풀의 충혈입니다. 외출냥이나 다른 고양이와 같이 놀았던 고양이의 눈이 충혈되었다면 결막염을 강력히 의심해 보아야 하고 특히 면역력이 약한 어린 고양이, 최근에 스트레스를 심하게 받아 면역력이 약해진 고양이들은 결막염에 더욱 취약합니다. 헤르페스 바이러스 같은 바이러스에 감염되었다면 눈물과 눈곱 외에도 콧물을 비롯한 호흡기 증상을 동반할 수 있습니다.

⦿ 한쪽 눈의 충혈이 특히 심하고 눈을 잘 못 떠요

　고양이가 어딘가에 부딪히거나, 다른 반려동물과 장난치고 싸우는 과정에서 각막 궤양(표면의 손상)이 생겼을 수 있습니다. 각막은 검은자위를 덮고 있는 투명한 막인데요, 눈이 매우 아픈 것처럼 보이고 빛을 잘 보지 못하거나 눈에 뿌연 얼룩, 혹은 눈 안쪽에 고인 피를 발견한다면 각막궤양이 더욱 의심됩니다. 각막궤양은 통증이 심하기 때문에 눈을 긁으려 하다가 악화될 수 있고 최악의 경우 천공구멍이 생길 수 있으므로 지체 없이 동물병원에 가야 합니다.

🐾 다른 원인이나 동물병원에 가기 전에 주의할 점은 없나요?

　고양이 눈이 충혈되는 원인은 이외에도 매우 다양합니다. 안압이 높아지는 녹내장, 안구 내부 조직에 염증이 생기는 포도막염, 안구 종양 등이 원인일 수 있습니다. 눈 주위 털이 안구 쪽으로 자라서 눈을 찌르는 경우도 있습니다. 혹은 봄철 꽃가루나 먼지, 담배 연기 등이 눈을 자극했을 수도 있습니다. 따라서 고양이가 앓았던 질병 내역이나 최근의 환경 변화 등 사소한 정보라도 수의사에게 알려 주면 진단에 큰 도움이 됩니다. 눈을 너무 가려워한다면 넥칼라를 씌워 주시고 이물질이 너무 많이 꼈다면 생리식염수나 사람용 인공눈물을 사용해서 씻어 낼 수 있습니다.

수의사가 묻는다

❗ 고양이 발이 깨끗한가요?

　고양이는 '그루밍' 습관이 있는데, 발이 청결하지 않은 상태에서 얼굴을 그루밍하면 눈에 염증이 생길 수 있습니다. 또 가장 오염되기 쉬운 고양이 화장실이 항상 깨끗하도록 주기적으로 청소해야 합니다.

>>> Summary

- 눈 충혈은 감염, 상처, 녹내장 및 눈에 자극을 유발하는 상태 혹은 질병이 있을 때 나타납니다.
- 안구는 매우 민감하며 전문 장비로 진단해야 하므로 검사를 위해 동물병원에 가야 합니다.
- 고양이 발을 항상 청결하게 유지해야 그루밍할 때 눈이 오염되지 않습니다.

눈을 못 떠요

집사가 묻는다

👣 고양이가 갑자기 눈을 잘 못 떠서 걱정돼요. 왜 그런 걸까요?

　고양이가 갑자기 눈을 못 뜬다면 눈에 문제가 생겼을 가능성이 높지만 이것만으로는 정확한 원인을 파악하기가 어렵습니다. 감염으로 인한 포도막염이나 결막염, 안압이 높아지며 심각한 통증을 유발하는 녹내장, 외상으로 발생한 눈의 상처 등 다양한 원인이 있을 수 있기 때문입니다.

　고양이 눈을 살펴보고 혹시 눈 표면에 먼지나 털 등 이물질이 있다면 우선 자연스럽게 빠질 때까지 기다려 보거나 인공 눈물을 눈에 떨어뜨려서 씻어 내려는 시도를 할 수 있습니다. 그러나 눈을 못 뜨는 증상이 지속된다면 동물병원에 데려가야 합니다. 간단한 안약으로 치료할 수 있는 가벼운 눈병일 수도 있지만 응급 진료가 필요한 심각한 상황일 수도 있기 때문에 정확한 진단과 치료를 받아야 합니다.

새끼 고양이가 눈을 못 뜨는데 괜찮은 걸까요?

새끼 고양이들은 보통 태어난 지 9~14일에 눈을 완전히 뜨게 됩니다. 만약 2주가 지났는데도 새끼 고양이가 눈을 제대로 못 뜬다면 눈에 문제가 있을 가능성이 높습니다. 적절한 처치를 받지 않으면 실명으로 이어질 수도 있기 때문에 새끼 고양이가 정상적으로 눈을 떠야 하는 시기가 지났는데도 눈을 뜨지 못하고 있다면 수의사의 상담을 받아야 합니다.

수의사가 묻는다

눈을 못 뜨는 증상 외 다른 문제는 없었나요?

눈곱이 끼거나 눈이 빨갛게 충혈되는 증상, 콧물이나 재채기, 식욕이나 활동성 감소가 함께 나타난다면 단순히 눈에 국한된 문제가 아니라 전신 증상을 동반한 질병일 수 있습니다. 고양이의 상태에 대해 자세히 설명해 주시면 정확한 진단에 도움이 됩니다.

! 혹시 임의로 안약을 사용하고 계시지는 않나요?

    정확한 원인을 알아내기 전에 임의로 안약을 넣는 것은 위험합니다. 예를 들어 각막에 상처가 있는데 모르고 스테로이드 제제 안약을 넣으면 각막이 녹아 버리는 심각한 응급상황이 생길 수 있습니다. 예전에 동물병원에서 받아 온 안약이라고 하더라도 현재 고양이의 상태에 적합한 안약인지는 확인이 필요합니다. 안약의 보관 방법이나 사용 기한에 따라서 사용할 수 없는 경우도 있기 때문에 수의사와의 상담 후 처방에 따라 약물을 사용해야 합니다.

>>> Summary

- 고양이가 갑자기 눈을 못 뜨면 우선 주의 깊게 관찰하고, 증상이 계속된다면 바로 동물병원으로 데려가야 합니다.
- 고양이가 눈을 못 뜨는 원인은 다양하며 정확한 원인을 파악하기 위해서는 동물병원에서 진단을 받아야 합니다.
- 진단이 나오기 전에 임의로 안약을 투여하는 것은 치명적인 결과를 초래할 수 있는 위험한 행동입니다.

눈을 할퀴었어요

고양이들이 싸우는데, 한 마리가 눈을 다친 것 같아요. 어떻게 해야 하나요?

불안하다면 바로 동물병원에 데리고 가는 것이 가장 안전합니다. 예를 들어 발톱처럼 날카로운 이물질이 눈을 찌른 경우 성급히 빼려고 하면 더욱 깊게 들어가는 경우가 많습니다. 또한 상처 부위를 손으로 만지는 것은 오히려 감염을 유발할 수 있습니다. 겉으로는 괜찮아 보여도 상처가 있을 수 있으므로 눈을 잘 뜨지 못한다면 동물병원에 데려가서 진료를 받아야 합니다.

😺 눈을 다쳤을 때, 동물병원에 데려가기 전 집사가 할 수 있는 처치가 있나요?

눈이 불편한 고양이가 스스로 눈을 긁거나 건드리다가 상처가 더 심해질 수 있기 때문에 긁지 못하게 해야 합니다. 혹시 넥칼라가 있다면 씌워 주시고, 없다면 담요로 감싸 손을 쓰지 못하게 고정해야 합니다. 무엇보다 동물병원으로 신속히 데려가야 합니다.

😺 고양이들이 늘 싸워서 불안해요. 어떻게 예방해야 할까요?

고양이들 사이의 관계도를 이해하는 것이 먼저이며 잘 싸우는 고양이들은 가급적 공간을 분리합니다. 그리고 지켜보는 사람 없이는 함께 두지 않아야 합니다. 또한 발톱이 너무 길고 날카로워지기 전에 주기적으로 관리해야 합니다.

발톱 할큄을 막기 위해 발톱에 매니큐어처럼 생긴 발톱 옷을 씌우는 방법도 있습니다. 하지만 잘 빠지고 한 달에 한 번씩은 바꿔야 해서 소모율이 높다는 단점이 있습니다.

십여 년 전에 발톱 제거술을 이야기하시는 분도 있었습니다. 하지만 발톱 제거는 고양이의 본능에 어긋나며, 소박하게 유지하던 즐거움을 뺏아 심각한 트라우마를 남길 수 있습니다. 외국에서는 발톱 제거술을 동물 학대로 규정합니다. 고양이가 발톱을 쓰는 것은 개가 짖는 것처럼 자연스러운 행동입니다.

❗ 눈에 상처가 깊어 보이나요?

　상처의 깊이에 따라 다르지만 다행히 감염이 없고 겉에만 상처가 났다면, 며칠간 동물병원에서 받은 안약으로 관리하고 고양이가 눈을 건드리지 못하게 하면 빨리 회복합니다. 눈꺼풀 사이를 일시적으로 봉합하여 회복을 더 빠르게 할 수도 있습니다. 하지만 상처가 너무 깊다면 시력에 손상이 생기거나 시력에 손상이 없더라도 눈이 영구적으로 뿌옇게 변할 수 있습니다.

　감염이 있고 상황이 나쁘면 회복까지 6개월 이상의 긴 시간이 걸립니다. 최악의 경우엔 회복이 어렵고 각막까지 녹아내리는 궤양이 반복하여 생길 수 있습니다. 그렇기 때문에 눈에 상처가 생기면 만지지 말고 가급적 빨리 동물병원에 가서 적절한 치료를 받기를 권장합니다.

>>> Summary

- 보기에 상처가 없어 보여도 눈을 다쳤을 수 있으니 동물병원에 가서 눈 검사를 받아야 합니다.
- 눈에 생긴 상처를 함부로 건드리면 안 됩니다. 오히려 감염을 유발하거나 상처를 깊게 만들 수 있습니다.
- 다친 게 확실하다면 고양이가 자기 눈을 만지지 못하도록 조치하고 바로 동물병원에 데려갑니다.

 이해하기 1

고양이 눈곱 닦기

건강한 고양이의 눈은 깨끗하고 맑게 빛납니다. 고양이의 눈 안쪽에 생기는 눈곱을 제거하는 것 역시 집사의 일입니다. 고양이 눈곱을 막무가내로 떼려고 한다면 그 과정에서 고양이가 눈을 다칠 수도 있고 고양이가 스트레스를 받을 수 있습니다. 예민한 고양이들을 위해 천천히, 부드럽게 눈곱을 떼 주어야 합니다.

• 준비물 •

화장솜(따뜻한 물에 적시는 것이 좋습니다)

1 고양이의 얼굴을 쓰다듬어 주며 움직이지 않도록 잡습니다. 고양이가 많이 움직인다면 수건을 이용해서 고양이를 감싸 주세요.

2 따뜻한 물에 적신 화장솜으로 고양이의 눈 안쪽에 있는 눈곱을 부드럽게 제거합니다.

3 반대쪽 눈에 있는 눈곱은 새 화장솜으로 제거합니다. 세균이 한쪽 눈에 감염되어 있을 때 반대쪽 눈으로의 추가 감염을 방지하기 위함입니다.

4 만약 눈곱이 딱딱하게 굳어서 떨어지지 않는다면, 무리하게 제거하려 하지 말고 우선 따뜻한 물에 적신 화장솜으로 그 부분을 충분히 불린 후 닦아 주세요. 가위로 딱딱한 눈곱이 붙어 있는 털을 자르려고 한다면 가위에 찔려 눈을 다칠 위험이 있으므로 하지 않는 것이 좋습니다.

Chapter 3

호흡기

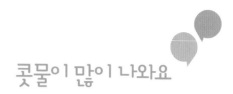

콧물이 많이 나와요

🐾 콧물을 많이 흘리는데, 어디가 아픈 걸까요?

정확히 어디가 아픈지 알기 위해선 진료를 받아야 하지만 집에서 콧물의
성상으로 간단히 추측할 수는 있습니다. 말간 콧물인지, 누런색의 끈적한
콧물인지 살펴보세요.

말간 콧물이 나와요

헤르페스 바이러스, 칼리시 바이러스 등 바이러스감염이 가장 흔합니다.
이외에도 알레르기 등의 이유로 일시적으로 흘리는 콧물일 수 있느니 원인

을 찾기 위해서는 진료를 받아야 합니다.

끈적한 누런 콧물이 나와요

세균 감염이 가장 흔합니다. 바이러스나 곰팡이 감염에 의한 손상에 2차적으로도 생길 수 있습니다. 코나 인두 쪽에 '폴립'이라는 양성 혹이 생기거나, 코에 이물이 있거나, 드물지만 코 안에 암이 생겼을 수도 있습니다.

혈액이 섞여 나와요

심한 감염 또는 염증의 결과로 코에 출혈이 발생할 수도 있습니다. 이런 양상은 뒤의 코피에서 더 자세히 다루겠습니다.

만일 고양이의 코가 심하게 막혀 입까지 벌리고 호흡한다면, 이는 심각한 상황입니다. 가능하면 입을 벌리고 호흡하는 모습을 영상으로 찍어 두시고, 동물병원에 최대한 빨리 방문해 주세요.

집사가 집에서 할 수 있는 것은 뭐가 있을까요?

따뜻한 물에 적신 수건이나 솜으로 눈곱이나 콧물을 살살 제거해 주세요. 따뜻한 증기가 나오는 가습기를 틀어 놓으면 분비물 배출에 도움이 됩니다. 고양이가 이동장을 편안해한다면 이 챕터 마지막에 소개된 고양이 전용 스파를 만들어 주는 것도 좋습니다. 사람이 아플 때 죽을 먹는 것처럼 고양이에게도 수분이 충분한 캔사료를 따뜻하게 데워 주면 기력 회복에 좋습니다. 사람 감기약은 고양이 간을 손상할 수 있어 위험하므로 사용해서는 안 됩니다. 특히 타이레놀은 조금만 주어도 고양이에게 독성을 유발할 수 있으므로 절대 주면 안 됩니다.

🐾 동물병원에 가면 어떤 검사를 하게 되나요?

호흡에 어려움이 없는 정도라면 간단한 신체검사를 하며 호흡에 문제가 있다면 영상 검사를 통해 전반적인 호흡기를 살펴봅니다. 콧물이 계속 날 경우 콧물을 채취해 감염체를 정확히 알아보기 위한 검사를 합니다. 코에 이물이 들어간 경우에는 비강 내시경을 할 수 있습니다. 종양 혹은 폴립이 의심된다면 CT를 비롯한 상위 검사를 추가로 진행합니다.

수의사가 묻는다

❗ 혹시 눈곱이 끼거나 입에서 악취가 나는 증상은 없나요?

바이러스 감염은 콧물만 나기보다는 대개 눈곱이 너무 많이 끼거나 심하면 눈을 뜨지 못할 수 있고 입에 구내염을 일으켜서 악취가 날 수도 있습니다. 칼리시 바이러스의 경우에는 관절염을 일으켜서 다리를 절 수도 있으니, 콧물과 동반된 증상이 있는지 살펴보세요.

바이러스 감염 여부는 고양이가 자라 온 환경이 중요합니다. 어린 시절 바이러스에 노출되었다면 감염의 가능성이 높습니다. 외출을 자주 하는 고양이는 세균, 곰팡이, 바이러스 등에 노출되기 더 쉬우니 외출을 삼가기를 권고합니다. 다묘가정에서 다른 동거묘가 바이러스를 갖고 있다면, 동거묘를 통해 바이러스에 노출될 확률이 높습니다.

헤르페스 바이러스는 흔한 편이지만 너무 걱정하지 않으셔도 됩니다. 헤르페스 바이러스는 몸이 건강할 때는 나타나지 않고 숨어 있습니다. 사람도 피곤하면 헤르페스 바이러스 증상으로 입술 옆이 허는 것처럼 고양이도 스트레스를 받거나 몸 상태가 안 좋아지면 증상이 나타납니다. 따라서 되도록 고양이가 스트레스를 받지 않도록 관리하고, 증상이 나타나면 치료를 받으면 됩니다.

>>> Summary

• 콧물의 색깔, 끈적임을 확인하고 눈이나 입에는 문제가 없는지, 유심히 살펴봅니다.
• 주로 바이러스 감염이 많지만, 폴립, 종양 혹은 이물 등 다른 가능성도 있습니다.
• 코가 심하게 막혀서 입까지 벌리고 호흡한다면 심각한 상태이므로 동물병원에 빨리 가야 합니다. 호흡 상태를 영상으로 촬영해서 수의사에게 보여 주시면 진료에 도움이 됩니다.

재채기를 해요

집사가 묻는다

👣 고양이가 가끔 재채기를 하는데, 왜 그런가요?

　고양이의 식욕과 활력이 정상이고 눈과 코에 문제 없이 재채기만 한다면 질병이 아닐 확률이 높습니다. 그루밍을 하거나 캣닢을 즐기다 코를 건드릴 때나 자극적인 냄새, 갑작스러운 온도의 변화에도 반응하여 재채기를 합니다. 또 간혹 동물병원에만 가면 많이 긴장한 탓에 재채기하는 고양이들도 있답니다.

　하지만 재채기 빈도가 높아진다면 걱정이 될 거예요. 이런 경우에는 무언가 고양이의 코점막을 계속 자극하는, 일종의 알레르기 반응을 의심해 볼 수 있습니다. 집 안의 먼지나 진드기, 자극적인 냄새, 꽃가루 등은 눈에 보이지 않더라도 만성적인 비염을 유발할 수 있기 때문에 집 안 청소를 꼼꼼히 해야 합니다.

만약 고양이가 코를 자꾸 긁고 머리를 흔든다면 코에 이물질이 들어간 상태일 수 있습니다. 또 콧구멍에서 피가 보인다면 코에 상처가 났거나 종양이 생겼을 수도 있기 때문에 빨리 동물병원에 가야 합니다.

🐾 재채기를 하는 고양이가 요즘 아파 보여요

고양이가 평소와 달리 식욕과 활력이 없고 아파 보인다면 원인을 찾아, 알맞은 치료를 해야 합니다. 가장 주요한 원인은 바이러스와 세균의 상부 호흡기 감염인데요, 다음과 같은 증상을 보이면 의심해 봐야 합니다.

- 식욕과 활력이 감소했어요.
- 투명한/노란 콧물이 증가했어요.
- 눈물이 나고 눈곱이 끼며 눈 주위가 붉게 부어올랐어요.
- 귀나 배, 뒷다리 등 털이 적은 부위를 만졌을 때 열감이 있어요.

🐾 상부 호흡기 감염을 예방하는 방법이 있나요?

고양이는 스트레스에 매우 민감한 동물입니다. 스트레스를 받는 상황에서는 면역력이 급격히 약해지기 때문에 갑작스러운 환경 변화를 비롯한 원인으로 스트레스를 받지 않도록 평소에 주의해야 합니다. 또한 영양 성분이 고르게 함유된 식단과 깨끗한 물을 급여하면 면역력 증가에 도움이 된답니다.

어릴 때부터 철저하게 백신을 맞은 고양이는 바이러스에 면역이 형성되어 있어 증상이 경미하게 지나갈 수 있습니다. 반대로 아직 백신 접종을 완료하지 않은 어린 고양이가 감염되면 치사율이 매우 높습니다. 따라서 보균 가능성이 있는 고양이들과 접촉하지 않도록 외출을 삼가야 하고 화장실이나 식기류, 용품 등은 자주 세척해야 합니다.

수의사가 묻는다

▌ 고양이가 어떤 식으로 재채기를 하나요?

재채기는 코점막 자극에 대한 경련성 반사 작용으로, 자극을 유발하는 원인을 코 밖으로 배출하기 위해 '에취' 소리와 함께 바람을 강하게 내뿜는 반응입니다.

반면에 몸을 웅크린 채로 고개를 내밀고 '캑캑' 소리를 낸다면 재채기가 아닌 기침인데요, 기침은 코가 아닌 목이나 기관지에 대한 반응입니다. 고양이가 계속 기침한다면 천식을 비롯한 호흡기 질환이나 심장질환이 의심되므로 동물병원에서 적절한 치료를 받아야 합니다.

>>> Summary

- 단순한 재채기는 지켜보아도 좋지만, 식욕과 활력이 없고 열이 나며 눈과 코에 분비물이 과도하다면 동물병원에 데려가야 합니다.
- 상부 호흡기 감염은 스트레스 여부에 크게 영향을 받기 때문에 평소에 세심한 관리가 필요합니다.
- 어린 고양이는 감기에 의한 치사율이 높기 때문에 더욱 주의해야 하고, 이를 예방하기 위한 백신 접종이 무엇보다 중요합니다.

숨을 잘 못 쉬어요

집사가 묻는다

🐾 고양이 호흡에 문제가 있는지 어떻게 알 수 있나요?

고양이가 다음과 같은 증상을 보인다면 호흡곤란일 가능성이 높기 때문에 가급적 빨리 동물병원에 데려가야 합니다.

- 숨을 쉴 때 배와 가슴이 크게 움직입니다.
- 숨을 쉴 때 콧구멍을 벌렁거리며 크게 움직입니다.
- 입을 연 채 숨을 쉽니다(개구 호흡).
- 숨을 쉴 때 머리와 목을 낮게 들고 몸 앞쪽으로 빼고 있습니다.

- 숨을 쉴 때 소리가 납니다.
- 숨을 가쁘게 쉽니다.

고양이를 동물병원에 데려가면 어떤 검사와 처치를 받게 되나요?

동물병원에서는 수의사가 고양이의 호흡을 안정시키기 위한 응급처치를 하면서 호흡곤란의 원인을 파악하기 위해 여러 검사를 합니다. 문진, 신체 검사, 혈액검사, 엑스레이 검사, 심장 초음파, 심전도검사 등이 있는데 고양이의 상태에 따라 조금씩 다를 수 있습니다. 검사 후 호흡곤란을 유발한 원인이 밝혀지면 그에 따른 적절한 치료를 합니다. 숨을 좀 더 편하게 쉴 수 있도록 산소 공급 같은 보조 처치를 할 수도 있고, 만약 가슴에 물이 차 있는 상태라면 물을 빼는 처치를 할 수도 있습니다.

동물병원에서 처치를 받고 집에 돌아와서 어떻게 해 주면 될까요?

호흡곤란을 겪은 고양이를 동물병원에서 데려와서 돌볼 때에는 잘 먹고 물을 충분히 마시고 편안하게 휴식할 수 있게 도와주어야 합니다. 좋아하는 간식으로 입맛을 돋우는 것도 좋답니다. 만약 약을 받아 왔다면 수의사의 지시에 따라 꼬박꼬박 약을 챙겨서 먹여 주세요.

수의사가 묻는다

! 평소 앓고 있던 질병이 있었나요?

　호흡곤란을 일으키는 원인으로는 천식, 심장병, 감염, 종양, 외상, 흉수, 이물에 의한 폐색 등이 있습니다. 호흡곤란의 원인을 밝히기 위해서 각종 검사도 중요하지만 이전에 앓고 있던 질병이 있었는지, 외상을 입거나 이물을 섭취했을 가능성이 있는지, 최근 주위 환경의 변화가 있었는지 파악하는 것도 매우 중요합니다. 기억나는 일이 있다면 상세히 알려 주세요.

>>> Summary

• 호흡이 평소와 달리 빠르거나 숨 쉬는 것을 힘들어하면 빨리 동물병원에 가야 합니다.
• 호흡곤란의 원인은 여러 가지가 있기 때문에 정확한 진단과 처치를 위해서는 동물병원에서 검사를 받아야 합니다.
• 호흡 곤란을 겪은 고양이의 회복을 위해서는 동물병원 처치뿐만 아니라 집사의 관심 어린 보살핌도 중요합니다.

코피를 흘려요

집사가 묻는다

🐾 코피는 왜 나는 건가요?

　사람의 코피는 열심히 공부했다는 증표일 때도 있지만, 고양이의 코피는 아프다는 명확한 증거입니다. 집사도 모르는 사이에 학대를 당했거나, 높은 곳에서 떨어지는 낙상 사고나, 교통사고로 다친 경우에는 코에 출혈이 발생하여 코피를 흘릴 수 있습니다. 이러한 사고가 없었는데도 코피를 흘린다면, 질병일 가능성이 매우 높으므로 면밀한 평가가 필요합니다. 지혈이 잘되지 않거나, 고혈압이 있는 경우 또는 코에 심한 감염이나 종양이 있거나 이물질이 코에 들어갈 경우 출혈이 발생할 수 있습니다.

코피가 나면 어떻게 하나요?

고개를 아래로 하고 지혈을 시도하면서 가급적 빨리 동물병원에 가야 합니다. 특히 사고가 있었다면 응급 상황이므로 동물병원에 빨리 데려가야 합니다. 아이스팩을 천에 감싸 코 부위를 지그시 누르면 지혈에 도움이 됩니다. 동물병원에 가면 응급 처치와 함께 수의사의 판단에 따라 혈액검사, 영상 검사, 감염 여부 평가 등을 하게 됩니다. 영상 검사에서 심한 염증 및 종양의 가능성이 의심되는 경우, 더욱 명확한 평가를 위해 CT검사가 필요할 수도 있습니다.

수의사가 묻는다

코피가 처음에 한쪽에서 났나요? 양쪽에서 났나요?

코피가 한쪽에서만 난다면 코피가 나는 쪽에 이물질이나 종양이 있을 가능성이 높습니다. 하지만 시간이 지나면서 양쪽에서 코피를 흘리는 것으로 진행될 수 있어요. 따라서 처음에 발견했을 때 한쪽에서 나는지 양쪽에서 나는지, 그리고 한쪽에서 코피가 난다면 어느 쪽인지 체크하면 진료에 도움이 됩니다.

❗ 얼굴이 부어 있지는 않나요?

코에 생기는 종양은 대부분 안쪽에서부터 발생하기 때문에 종양이 커지면서 코, 입, 볼 주위가 부은 것처럼 보일 수 있습니다. 코피와 함께 이러한 증상이 관찰된다면 동물병원에 가서 필히 검사를 받아야 합니다. 특히 나이가 있는 고양이의 얼굴이 부었다면, 검진을 통해 종양인지 확인하는 것이 좋습니다.

❗ 콧물이나 눈곱은 없었나요?

심한 감기에 걸렸을 때 누런 코와 함께 피가 섞여 나온 경험이 있으신가요? 이처럼 심한 감염 또는 염증의 결과로 코에 출혈이 발생할 수도 있습니다. 콧물이나 눈곱이 동반되었다면, 언제부터 어떠한 양상의 콧물과 눈곱이 생겼는지 수의사에게 말씀해 주세요.

❗ 창백하거나 멍이 들지는 않았나요?

지혈이 안 되는 경우 온몸에 멍이 들 수도 있습니다. 이런 경우 응급한 상황일 가능성이 매우 높으니 반드시 동물병원에 가야 합니다. 고양이의 혈색이 창백한 경우, 심한 출혈의 결과로 빈혈이 발생했을 수도 있습니다. 혈색은 입안을 보고 평가하시면 됩니다. 구강 점막, 잇몸, 혀 등의 색이 평소보다 창백한지 살펴봐 주세요. 다만 창백하다는 것은 주관적일 수 있으니 동물병원에서 정확한 평가와 진단을 받는 것이 좋습니다. 그 밖에 최근 체중이 감소했는지, 변의 상태에 변화가 있는지 등에 대한 평가도 필요합니다.

>>> Summary

- 고양이가 코피를 흘린다면, 사고 여부를 파악한 뒤에 빨리 동물병원에 가야 합니다.
- 코피는 지혈 이상, 염증, 종양 등 심한 질병의 증상일 수 있습니다.
- 수의사 상담에 따라 혈액검사, 영상 검사 같은 자세한 검사를 받아야 합니다.

고양이 전용 스파 만들기

누구나 손쉽게 만드실 수 있으니, 거창한 제목에 겁먹지 않으셔도 좋습니다. 콧물이나 눈곱이 많은 고양이에게 해 주시면 도움이 됩니다.

• 준비물 •

고양이 이동장, 수건(또는 담요), 넓은 그릇(또는 대야)

1 먼저 스팀 수건을 만듭니다. 수건에 물을 묻히고 나서 물기를 짠 뒤에 전자레인지에 30초~1분 (사양에 따라 다를 수 있으니 온도를 살피면서 하세요) 정도 돌리면 스팀 수건이 완성됩니다.

2 고양이 이동장을 준비한 스팀 수건으로 덮어 주세요.

3 고양이를 이동장 안으로 모십니다.

4 김이 모락모락 나는 물을 데워서 그릇에 담아 이동장 가까이에 둡니다.

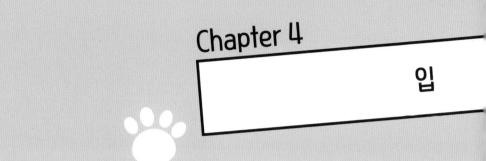

Chapter 4

입

집사가 묻는다

왜 입 냄새가 날까요?

가장 흔한 경우는 바로 치석 문제입니다. 치석은 일종의 세균 덩어리인 플라크와 함께 무기질이 들러붙어 만들어진 단단한 물질입니다. 치아와 잇몸 사이의 작은 틈은 V자로 되어 있어 세균이 자리 잡기 좋

▲ 고양이 이빨과 잇몸

아요. 주로 이 부분을 세균이 집중하여 공격하면서 손상을 입혀 입에 냄새가 납니다.

입에 염증이 생기는 구내염도 입 냄새의 원인이 될 수 있습니다. 간혹 전선을 씹어서 화상을 입어 입 냄새가 나는 경우도 있는데, 살펴보면 입 주변 부위에 화상으로 인한 염증이 있습니다.

노령의 고양이에게서는 다른 장기의 문제로 인해 입 냄새가 나는 경우도 있습니다. 신장 문제로 인한 요독증이 있을 때 구취가 심해질 수 있으며, 당뇨병이 있는 경우 입에서 시큼 달콤한 사과 냄새가 날 수 있습니다.

🐾 입 냄새가 나는데 어떻게 해야 할까요?

입 냄새의 가장 큰 원인이 되는 치주 질환은 양치질을 통해 예방할 수 있습니다. 하루에 한 번은 고양이에게 양치질을 꼭 시켜 주세요. 대부분 어느 정도 적응 기간이 필요하지만 습관을 들이면 가능합니다.

이미 입 냄새가 난다면 원인이 되는 질환을 먼저 관리해야 합니다. 치과 질환으로 인해 입 냄새가 심하게 난다면, 먼저 치과 질환을 치료해야 합니다. 이빨이 아픈 상태라면 건드려도 아프지 않도록 치료해야 고양이가 더욱 수월하게 양치에 적응할 수 있기 때문입니다.

🐾 고양이가 스케일링을 받으려면 마취를 해야 한다는데 괜찮을까요?

마취 때문에 스케일링에 부담을 갖는 분들도 있습니다. 물론 마취는 위험성이 있어 담당 수의사와 상의하여 결정해야 합니다.

스케일링 시에 마취를 권장하는 데에는 몇 가지 이유가 있습니다. 먼저 스케일링 기구는 날카롭기 때문에 잇몸에 쉽게 상처를 낼 수 있습니다. 조금이라도 움직이면 위험하죠. 마취를 하면 안전하게 잇몸 경계 부위의 치석을 효과적으로 제거할 수 있으며, 고양이도 스트레스를 덜 받습니다. 또한 마취 상태에서는 스케일링 후 이빨 표면을 매끈하게 만들어 주는 과정도 진행할 수 있어 이후 치석이 잘 끼지 않는 상태로 치아를 유지하는 데 도움이 됩니다.

수의사가 묻는다

❗ 스케일링은 했나요?

양치질할 때 피가 난다거나 잇몸에 이빨 주위로 붉은 라인이 보일 경우, 효과적인 치석 제거를 위해 스케일링할 것을 권합니다. 치석은 이빨과 잇몸 사이에 주로 발생하는데, 이 부위는 작은 틈이기 때문에 구조적으로 양치질만으로는 잘 닦기가 어렵습니다. 또한 이미 생성된 치석은 양치질해도 쉽게 사라지지 않으므로, 스케일링을 통해 제거해야 합니다.

참고로 페르시안과 같이 두상이 납작한 고양이들은 이빨 사이 간격이 더 좁아 치석이 더 잘 끼므로 특히 신경 써야 합니다.

! 어떤 사료를 주시나요?

    건사료는 캔사료와 달리 이에 잘 끼지 않고 이빨 사이를 긁어 주어 치석을 제거하는 효과가 있습니다. 100퍼센트 캔사료만 급여하기보다는 건사료를 함께 주기를 권합니다. 마찬가지 이유로 알갱이가 큰 사료가 이빨 표면을 더 많이 닦아 주기에 치석 예방에 도움이 될 수 있습니다. 뼈처럼 딱딱하거나 날카로운 간식은 장에 치명적인 손상을 줄 수 있어 권하지 않습니다. 그 밖에 치과 관리에 효과가 입증된 제품이나 사료를 찾고 싶으시다면 미국수의치과의사협회VOHC 마크를 확인하세요.

>>> Summary

- 입 냄새는 주로 치주 질환으로 인해 발생하지만 신장 질환이나 당뇨 등 다른 질병으로 인한 증상일 수도 있습니다.
- 치주 질환 예방을 위해서는 매일 양치질하고 필요에 따라 스케일링할 것을 권장합니다.
- 치석 예방을 위해 캔사료만 주기보다는 건사료를 섞어서 주고 VOHC 인증을 받은 간식을 이용하는 것이 좋습니다.

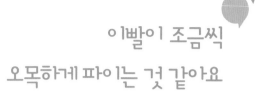

이빨이 조금씩
오목하게 파이는 것 같아요

집사가 묻는다

•⁎• 딱딱한 걸 씹다가 다친 건가요?

고양이 이빨이 부분적으로 손상되는 가장 흔한 원인은 물리적인 충격입니다. 보통 가장 긴 송곳니 끝부분이 손상되는데요, 특히 나이 많은 고양이가 약해진 이빨로 단단한 물건을 씹거나 과격한 놀이를 하다가 부러지기도 합니다. 하지만 특별히 그런 일이 없었고 손상 부위도 다르다면 고양이 치아흡수병변FORL : Feline Odontoclastic Resorptive Lesion이 의심됩니다. 고양이를 키우기 시작한 지 어느 정도 지난 집사라면 한 번쯤 들어 보았을 고양이 치아흡수병변은 이름 그대로 치아가 점점 녹아내리는 것이 특징입니다. 세

살 이상 성묘의 절반 정도가 이 질환을 앓고 있는 것으로 조사되었을 정도로 고양이에게 빈번하게 발병하기 때문에 꼭 제대로 알고 대비해야 합니다.

어떤 증상을 보일 때 치아흡수병변이 의심되나요?

아픔을 잘 드러내지 않는 고양이의 특성상 질병의 초기에는 발견이 쉽지 않습니다. 하지만 병이 점점 진행되면서 이빨의 특정 부위에 피가 고이거나 침을 질질 흘리기도 하며, 심한 입 냄새가 날 수도 있습니다. 또한 고양이가 갑자기 씹는 것을 힘들어하고 평소처럼 입 주변을 쓰다듬으려 하면 자지러지게 아파하는데, 이 질환이 심한 치통을 유발하기 때문입니다. 주로 송곳니 뒤쪽 어금니에서 잇몸과 연결되는 부위에 오목하게 파인 곳이 발견되고, 엑스레이상으로 좀먹은 것처럼 어두운 부분이 관찰되면 고양이 치아흡수병변으로 진단하게 됩니다. 고양이는 스트레스에 매우 민감한데다가 음식을 충분히 섭취하지 못하면 건강에 치명적일 수 있어 빠른 치료가 필요합니다.

치료 과정은 어떻게 되나요?

안타깝게도 치아흡수병변의 원인은 정확하게 밝혀지지 않았습니다. 현미경으로 보았을 때 치아를 파괴하는 세포가 과도하게 활성화된 것이 관찰되므로 어떠한 면역 반응에 의한 것이 아닐까 추측하고 있을 뿐입니다. 명확한 원인이 밝혀지지 않았기 때문에 이빨이 녹는 것을 멈출 수 있는 근본적인 치료법도 아직은 없습니다. 현재는 다른 치아로 진행되는 것을 막고 통증을 없애기 위해 해당 이빨을 뽑는 것이 최선입니다.

 고양이의 이빨을 뽑아도 먹는 데는 지장이 없나요?

고양이 이빨을 뽑으면 사료를 씹지 못할까 걱정하는 집사도 많습니다. 오히려 극심한 치통을 피하고자 아픈 이빨을 사용하지 않고 어정쩡하게 씹는 것보다는 발치하고 난 후의 식사가 훨씬 자연스럽습니다. 다만 다수의 이빨을 발치한 경우라면 사료를 부드러운 유동식으로 바꾸는 게 좋습니다.

수의사가 묻는다

❗ 평소 이빨을 깨끗하게 관리하고 계시나요?

사실 이 질환은 아직 원인이 밝혀지지 않았기 때문에 명확히 예방할 방법도 없습니다. 하지만 치아가 녹은 부위로 세균이 침투하면 더 심각한 질환을 유발할 수 있기 때문에 평소에 치아를 깨끗하게 관리해야 합니다.

❗ 과거에도 녹은 이빨을 발견한 적이 있으신가요?

고양이가 한 개의 이빨이라도 이 질환 때문에 치료받은 경력이 있다면 정상적으로 남아 있는 이빨도 추후에 같은 증상을 보일 수 있습니다. 따라서 동물병원에서 1년에 2회 이상 주기적으로 검사를 받으면서 질병을 초기에 발견해 고양이가 통증을 느끼는 기간을 줄여야 합니다.

>>> Summary

• 고양이 치아흡수병변은 빈번히 발견되는 질환으로 심한 치통을 동반합니다.
• 정확한 진단 후에 필요한 경우 발치하는 것이 현명한 선택입니다.
• 평소 치아의 위생 관리에 신경 써주며 주기적으로 검사를 받으면 조기에 발견할 수 있습니다.

이갈이를 해요

집사가 묻는다

:::🐾 고양이는 이빨을 몇 개나 가지고 있고 이갈이는 언제 하나요?

    사람처럼 고양이도 유치와 영구치를 가집니다. 유치는 26개, 영구치는 30개로 이루어져 있습니다. 유치는 고양이가 태어난 지 약 3주 정도 되었을 때부터 나기 시작하는데 아기 고양이는 유치가 나면서 슬슬 젖을 떼고 이유식과 사료를 먹게 됩니다. 유치가 빠지고 영구치가 나기 시작하는 이갈이는 3개월쯤부터 시작되고 6~7개월 정도에 끝나게 됩니다. 이갈이 시기는 고양이마다 약간 차이가 있기 때문에 조금 늦거나 빠르다고 해서 걱정할 필요는 없답니다.

😺 고양이가 이갈이할 때 혹시 조심하거나 신경 써야 할 것들이 있나요?

고양이가 딱딱한 사료를 씹어 먹는 것을 힘들어한다면 사료를 물에 불려 주거나 수분이 많은 캔 사료를 주시면 도움이 됩니다. 이갈이 시기에는 일시적으로 입 냄새나 잇몸 염증이 나타날 수도 있습니다. 하지만 잇몸 염증이 너무 심하다면 다른 문제가 있을 수 있기 때문에 동물병원에 가서 수의사와 상담하시면 좋습니다.

이갈이하는 고양이는 이빨이 간지러워서 주변 물건이나 사람을 많이 깨 물기도 하는데 혼내기보다는 마음껏 물어뜯어도 괜찮은 장난감을 주시면 좋습니다. 전선처럼 씹어서 위험한 물건이나 삼켜서 이물이 될 수 있는 크기 가 작은 물건은 고양이가 닿지 않는 곳에 잘 정리해 주세요.

😺 빠진 고양이 이빨을 찾지 못했어요. 혹시 고양이가 이빨을 삼키면 문제가 되 나요?

고양이가 이갈이할 때 빠진 이빨이 찾기 힘든 구석에 들어가거나 고양이 가 이빨을 삼켜서 빠진 유치를 찾지 못하는 경우도 종종 있습니다. 하지만 고양이가 빠진 이빨을 삼켜서 문제가 되는 경우는 거의 없으니 이빨을 찾 지 못했다고 걱정하실 필요는 없답니다.

❗ 혹시 영구치가 완전히 났는데도 유치가 계속 남아 있지는 않나요?

유치가 빠지지 않고 영구치 자리에 계속 남아 있는 경우에는 영구치가
잘못된 자리에 나거나 치아가 틀어져서 부정교합이 생길 수 있습니다. 이렇
게 유치가 남는 증상은 특히 위턱 송곳니에서 가장 흔하다고 알려져 있고
그 외 아래턱의 송곳니와 앞니에서도 나타날 수 있습니다. 유치가 남아 있
으면 유치와 영구치 사이 치아 틈새에 음식물 찌꺼기가 껴서 이빨이 썩거나
잇몸 염증이 생기기도 합니다. 따라서 고양이에게 유치가 남아 있으면 동물
병원에서 검사를 받고 남은 유치를 뽑으면 좋습니다.

▲ 정상적으로 유치가 빠진 경우

▲ 유치가 남은 경우

>>> Summary

- 고양이의 유치는 26개, 영구치는 30개입니다.
- 고양이의 이갈이 시기는 3~6개월이지만 고양이별로 조금씩 다를 수 있습니다.
- 잇몸 염증이 심하거나 유치가 남아 있는 경우에는 동물병원에서 상담을 받아야
  합니다.

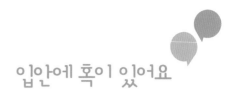

입안에 혹이 있어요

집사가 묻는다

우리 고양이가 구강 종양인지 어떻게 아나요?

고양이의 구강 종양은 흔한 질병은 아닙니다. 하지만 입속에 있어서 신경을 쓰지 않으면 초기에 발견이 어렵기 때문에, 주기적으로 치아 관리를 하면서 잘 살펴보아야 합니다. 입속까지 살펴보기가 어렵다면, 씹는 것을 힘들어하지는 않는지, 얼굴이 붓지는 않는지 살펴보세요. 잘 먹던 고양이가 먹는 것을 불편해하거나, 잘 씹지 못하는 경우 입에 질병이 있는 건 아닌지 의심해 볼 수 있습니다. 평소와 달리 이상한 낌새가 느껴지면 동물병원에서 검사를 받아야 합니다.

동물병원에서는 구강 검사 결과 종양으로 의심된다면, 추가적인 검사를 통해서 구강 종양으로 최종 진단하게 됩니다. 구강에 주로 발생하는 종양은 악성 종양이기에 조직병리검사를 통해 어떤 종양인지 정확히 확인하는 편이 이후의 치료 및 관리에 도움이 됩니다. 참고로 조직병리검사는 문제가 되는 조직을 떼어 내어 처리한 뒤 현미경 관찰을 통해 어떤 질병인지 결정하는 검사로, 최종 진단을 위해 필요합니다. 구강 종양이라면 수술을 비롯한 치료가 필요합니다.

구강 종양이 생기는 이유는 무엇인가요?

다른 종양과 마찬가지로 유전적 요인, 환경적 요인 등이 종양 발생에 영향을 줍니다. 연구 결과에 따르면 고양이가 사는 환경에 발암 물질이 많은 경우 구강 종양이 발생할 확률이 높아질 수 있다고 합니다. 고양이는 그루밍을 열심히 하기 때문에, 털에 붙어 있는 발암물질이 많으면 구강 종양의 발생 가능성을 높인다는 견해도 있습니다. 실제로 집사가 흡연자인 경우, 고양이의 구강 종양의 발생 빈도가 상대적으로 높습니다. 실내 환기와 같은 환경 개선에도 신경을 쓴다면 나의 건강뿐만 아니라 반려묘의 건강도 지킬 수 있어요.

수의사가 묻는다

❗ 어떤 증상을 보이나요?

　다음의 체크리스트 중에서 해당하는 항목이 있나요? 그렇다면 동물병원에서 구강 질환에 대한 면밀한 검사를 받아보아야 합니다. 잘 먹던 고양이가 갑자기 먹거나 씹는 것을 불편해한다면 구강 질환의 가능성이 높습니다. 대부분 치주염을 비롯하여 치료로 개선할 수 있는 치과 질병으로 인해 이와 같은 증상을 보이지만, 드물게 구강 종양인 경우도 있습니다. 구강 종양은 조기에 진단하여 치료받는 것이 중요합니다. 구강에 종양이 생긴 것을 일찍 발견하는 데 도움이 되는 가장 좋은 방법의 하나가 바로 양치질이므로, 구강의 위생 관리 및 구강 질병의 조기 발견을 위해서 주기적으로 양치질을 해 주세요.

- 먹는 양이 줄었어요.

- 씹는 것을 힘들어해요.

- 그루밍을 잘 안 해요.

- 침을 흘려요.

- 입을 완전히 닫지 못해요.

- 얼굴이 부었어요.

- 잇몸에서 피가 나요.

- 잇몸이 부었어요.

- 살이 빠져요.

- 이빨이 빠져요.

❗ 구강 종양 투병 중에 잘 먹으려 하지 않나요?

구강 종양이 있으면 잘 먹지 않으려 하므로, 충분한 양의 음식을 먹을 수 있도록 신경을 써 줘야 합니다. 딱딱한 음식은 통증으로 인해 씹기 어렵기 때문에, 캔 사료나 유동식 등을 주는 것이 좋습니다. 체중 감소를 일으키는 심한 종양이 있을 때는 충분한 칼로리 공급이 중요하기에 처방식과 같은 고지방 식이를 급여합니다. 또는 음식의 종류를 다양하게 주어서 식욕을 돋아 주어도 좋습니다. 고기, 참치 등 좋아하고 잘 먹는 음식 위주로 주어도 괜찮습니다. 종양 환자의 경우 전신적으로 상태가 나빠지므로 2차적인 감염성 질환에 취약해질 수 있습니다. 따라서 담당 수의사와 상담하여 전신 상태를 잘 유지할 수 있도록 힘써야 합니다.

>>> Summary

• 잘 씹지 못하거나 잘 먹지 못하는 경우 구강 내 이상이 없는지 검진을 받는 것이 중요합니다.
• 고양이의 구강 종양은 악성 종양일 가능성이 높으며, 동물병원에서 검사를 통해 정확한 진단을 받아야 합니다.
• 구강 종양이라면 잘 먹을 수 있도록 습식 사료나 좋아하는 음식을 주어 충분히 영양을 섭취할 수 있도록 신경 써야 합니다.

고양이 양치질시키기

• 준비물 •

부드러운 천이나 거즈 혹은 양치용 티슈, 고양이용 칫솔과 치약

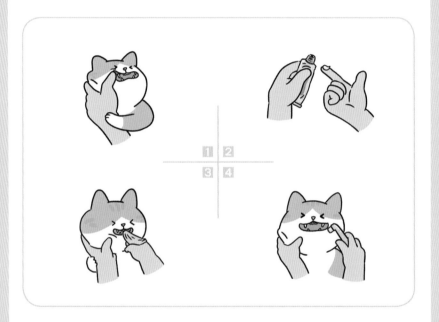

1   1~3일 차

     5분 이내 짧은 시간 동안 입술을 들어 올려 잇몸을 노출하는 것 먼저 시작합니다.

2   3~5일 차

     적은 양의 치약을 고양이가 핥아 맛볼 수 있도록 해 줍니다. 아직 칫솔질은 하지 마세요! 치약이 마음에 든다면 먼저 와서 핥습니다. 고양이의 반응이 괜찮으면 잇몸에도 치약을 발라봅니다.

3 5~7일 차

처음에는 손가락 칫솔을 이용하거나, 거즈나 천으로 손가락을 싸서 이빨을 살짝 문질러 보며 양치에 적응시키세요.

4 8~14일 차

칫솔에 치약을 묻혀서 먹이는 것부터 시작합니다. 칫솔을 사용하여 천천히 '왼쪽 위/왼쪽 아래/오른쪽 위/오른쪽 아래' 네 구역으로 나누어 양치를 시도해 봅니다. 하루에 한쪽씩만 목표로 칫솔을 사용해보세요. 보통 고양이들은 앞니 닦는 것을 가장 싫어하니 앞니는 마지막에 시도합니다.

5 14일 후

한 번에 양치하는 범위를 점점 늘려가며 적응시킵니다.

칫솔모가 부드러우면 고양이가 적응하기 더 쉬워요. 위의 단계는 예시일 뿐, 고양이가 발로 칫솔을 밀어내는 등 싫어하는 행동을 보인다면 천천히 적응할 수 있게 속도를 늦춰주세요.

치주 질환이 심해지면 치석에 있는 세균이 혈관으로 들어와서 체내에 감염을 일으키고, 심장에까지 영향을 줄 수 있다는 연구 결과도 있습니다. 포기하지 말고 차근차근 노력해봅시다.

Chapter 5

심장·폐

숨이 가쁘고 움직이질 못해요

: 비대심근병증

  집사가 묻는다

👣 어린 나이에도 심장병에 걸릴 수 있나요?

네, 안타깝게도 고양이의 심장병 중 비대심근병증HCM : Hypertrophic Cardiomyopathy은 일반적으로 중년령에서 잘 생기는 편이나, 어느 나이에서 든지 발병할 수 있습니다. 원인은 아직 제대로 알려진 바가 없으나 어느 정도 유전적인 소인이 있습니다. 메인쿤, 페르시안, 래그돌, 아메리칸 숏헤어, 아비 시니안, 샴, 버미즈 같은 특정 품종에서 더 많이 발생하는 경향이 있습니다. 이 경우 예후가 더욱 좋지 않으므로 더욱 정기적인 검진을 통해 심장질환을 확인해야 합니다.

:•: 우리 고양이는 아무 증상이 없는데, 심장병으로 진단을 받았어요. 증상이 없을 수도 있나요?

증상이 없을 때 비대심근병증이 확인되는 경우가 적게는 11퍼센트에서 많게는 50퍼센트 이상으로, 무증상인 경우가 흔합니다. 무증상일 때 질환을 진단받았다면, 질병이 더 진행되기 전부터 관리를 시작할 수 있기 때문에 증상이 생기고 난 후에 관리를 받는 것보다 더 예후가 좋을 수 있습니다. 심장병은 약물로 꾸준히 관리해야 하므로 조기 진단을 받았다면 짧은 주기의 정기적인 검사로 질병의 진행 정도를 파악하고 고양이의 증상 변화에 더욱 주의를 기울여야 합니다. 무증상인 경우 심장병의 진행 정도에 따라 일단 정기 검진을 하며 지켜볼 수도, 바로 약물 관리를 시작할 수도 있으며 이는 수의사의 판단하에 결정하게 됩니다.

:•: 심장병에 걸리면 얼마나 살 수 있나요?

심장병은 어떻게 관리하느냐에 따라 예후가 결정됩니다. '완치'의 개념은 없으며 꾸준한 '관리'가 필요하기 때문입니다. 심장병을 진단받을 당시 고양이가 무증상인 경우에는 생존 기간이 5~7년으로 알려져 있고 관리를 잘하면 더 오래 살 수 있습니다. 안타깝게도, 증상이 있고 나서부터는 고혈압, 혈전증, 심부전과 같은 위험한 다른 합병증이 동반될 수 있어 생존 기간이 짧아진다고 보고되어 있습니다. 특히 혈전증의 경우, 혈전이 온몸을 돌아다니게 되면서 언제든 혈관을 막을 수 있어 매우 위험하며 급사할 가능성이 매우 높습니다. 이 혈전은 유독 뒷다리 동맥에 잘 쌓이는데, 이로 인해 뒷다리에 피가 통하지 않게 되고, 찬 느낌이 들기 시작하면서 후지 마비가 유발될 수 있습니다. 이러한 모든 위험 역시 비대심근병증이 진단된 후의 꾸준한 약물 관리를 통해 미리 예방해야 합니다.

수의사가 묻는다

❗ 어떤 증상들을 보이나요?

고양이 심장병은 증상이 매우 다양하여 심장병이라고 바로 생각하기가 쉽지 않습니다. 심장병의 초기 증상은 단순히 고양이가 평소보다 잠이 많아지는 것입니다. 이와 함께 고양이가 밥을 잘 안 먹고, 활동성이 줄고, 힘이 없으며, 기침을 자주 하고 호흡이 가쁘거나 입을 벌리고 쉬는 모습 또는 커진 호흡 소리 등이 나타납니다. 고양이가 눈에 띄는 증상들을 보인다면 심장병이 어느 정도 진행되었다는 뜻입니다. 또한 혈전증으로 인한 뒷다리 마비, 고혈압으로 인한 갑작스러운 실명 및 코피도 보일 수 있는데 이 경우는 질병이 많이 진행된 상태로 예후가 더욱 좋지 않습니다. 따라서 고양이가 앞서 말한 증상을 보인다면 동물병원에 꼭 데려가 검사를 받아야 합니다.

고양이는 심장병이 무증상인 경우도 흔하기 때문에, 정기 검진을 통한 심장 평가가 조기 진단에 큰 도움이 됩니다. 특히, 앞서 말한 심장병이 더 빈번하게 발생하는 품종에서는 정기 검진이 더욱 중요합니다.

한편, 고양이가 심장병이 생겨 심장이 혈액을 온몸으로 뿜어내는 펌프 역할을 제대로 하지 못하면, 혈액이 심장에 고이게 되고, 이를 또 내보내기 위해 심박수가 증가합니다. 동물병원에서 고양이들은 긴장 상태에 있어 대부분 심박수가 높게 측정되므로, 증가한 심박수가 심장병 때문인지 고양이가 긴장해서인지 감별하기 어렵습니다. 따라서 집사님들이 고양이를 동물병원에 데려오기 전 집에서 고양이가 자거나 휴식을 취하고 있을 때 심박수를 측정해오면 진단에 큰 도움이 됩니다.

고양이 심박수는 휴식을 취하는 고양이의 왼쪽 팔꿈치 뒤쪽 가슴에 조용히 손을 얹고 심장의 떨림을 1분 동안 세어봄으로써 측정할 수 있습니다. 여러 번 심박수를 측정해본 뒤 평균을 냈을 때 1분에 150~220여 회 이하이어야 정상 심박수입니다. 이와 함께, 가능하다면 1분 동안 호흡수도 측정하면 더욱 도움이 됩니다.

❗ 심장병 고양이, 관리는 잘하고 계시나요?

꾸준히 약을 먹이는 것이 가장 중요합니다. 이와 함께 고혈압 방지를 위한 염분 제한 식이(처방식 사료) 먹이기, 주위 환경 통제를 통한 스트레스 줄여주기, 정기 검진 등으로 고양이 심장병을 관리해야 합니다. 정기 검진은 엑스레이 검사와 심장초음파 검사로 이루어집니다. 최소 6개월에 한 번씩 검사를 진행하여 질병의 진행 상황을 파악해야 하는데, 검진 간격은 심장 상태에 따라 달라질 수 있습니다. 고양이의 6개월은 사람의 3~4년과 같은 긴 세월이기에, 결코 자주 검사하는 것이 아닙니다. 질병이 그사이에 악화될 수 있으니, 정기 검진을 빠뜨리지 말아 주세요.

>>> Summary

- 비대심근병증은 고양이가 잠이 많아지는 것부터 시작하여 밥을 잘 안 먹고, 힘이 없으며, 활동성이 줄고 호흡이 힘들어지는 등 다양한 증상을 유발합니다. 심장병이 심할 경우 갑자기 고양이 다리가 차가워지면서 마비가 오는데, 이 경우 사망률이 매우 높습니다.
- 증상이 나타나지 않아도 심장병이 있을 수 있습니다. 조기 진단으로 심장병을 관리하는 경우 훨씬 예후가 좋습니다. 정기 검진의 중요성이 바로 여기에 있습니다.

평소보다 피부색이 창백하고
기운이 없는 것 같아요

집사가 묻는다

:" 고양이가 빈혈일 때 나타나는 증상에는 어떤 것들이 있나요?

점막이 창백해요

빈혈이 있을 때 가장 쉽고 흔하게 관찰될 수 있는 증상은 잇몸이 창백해지는 증상입니다. 정상적인 잇몸은 분홍색이지만 빈혈이 있는 경우 창백한 분홍색에서 흰색으로 보이기도 합니다. 잇몸이 창백하고 기운이 없는 고양이는 반드시 동물병원에 데려가서 검사를 받아야 합니다.

기운이 없어요

빈혈이 있으면 몸에 필요한 산소가 정상적으로 공급되지 못해서 기운이 없고 잘 움직이지 않습니다.

심박수와 호흡수가 빨라요

빈혈이 심하면 신체에 필요한 산소 공급을 위해 심장박동이 빨라지거나 호흡이 증가하기도 합니다.

몸이 노랗게 변했어요

몸 안에서 적혈구가 갑자기 많이 파괴되어서 빈혈이 생긴 경우에는 몸이 노랗게 보이는 황달이 나타나기도 합니다. 황달 증상은 특히 귀나 잇몸 같은 부위에서 잘 보입니다.

빈혈이 의심될 때 동물병원에 데려가면 어떤 검사들을 받게 되나요?

고양이를 동물병원에 데려가면 수의사는 먼저 고양이의 증상과 그동안의 상태에 대해 물어본 후 이를 바탕으로 판단하여 필요한 검사를 진행합니다. 기본적인 신체검사와 함께 빈혈 여부를 확인하기 위해 혈액검사를 합니다. 그 외에도 빈혈을 일으킬 만한 원인을 찾기 위해 추가적인 전염병 키트 검사, 요검사, 분변 기생충 검사, 영상 검사(엑스레이 및 초음파), 혹은 골수 검사 등을 진행할 수도 있습니다. 고양이의 상태에 따라 필요한 검사가 달라질 수 있습니다.

고양이에게 빈혈이 생기는 이유는 무엇인가요?

고양이 빈혈의 원인은 매우 다양합니다. 흔하게는 바이러스, 기생충, 전염성 질병, 종양 또는 만성 질병이 있습니다. 몸 어딘가에 출혈이 있어서 피를 계속 잃어버리거나 적혈구를 만드는 골수에 문제가 생기거나, 자가면역질환 때문에 스스로 자기 적혈구를 파괴하여 빈혈이 발생하기도 합니다. 드물지만 아비시니안 같은 품종에서는 유전적인 문제가 원인이 되기도 합니다.

고양이 빈혈 치료는 어떻게 하나요?

고양이의 빈혈을 치료하는 방법은 원인과 심각한 정도에 따라 달라집니다. 원인이 되는 질병에 따라서 면역억제제, 항생제 또는 구충제, 그 외 다른 약물을 사용하기도 하며 수술할 수도 있습니다. 빈혈이 심각한 경우에는 빈혈 증상에 대한 대응방법으로 수혈을 할 수 있습니다. 수혈은 빈혈에 대한 근본적인 치료는 아니지만 당장 부족한 혈액을 보충하여 빈혈로 인해 생기는 위험한 상황을 막을 수 있습니다.

수혈은 안전한가요?

수혈이 100퍼센트 안전하다고 얘기할 수는 없으며 수혈로 인한 과민반응이 나타나는 경우도 드물지만 있습니다. 그러나 수혈하지 않았을 때 더 큰 위험에 빠질 수 있는 상황이라면 고양이의 생명을 지키기 위해 수혈이 필요합니다. 주로 빈혈이 심할 때 수혈을 받게 되며, 수의사는 수혈이 최대한 안전하게 이루어질 수 있도록 사전 검사를 진행한 후 고양이의 상태를 살피며 진행합니다.

수의사가 묻는다

❗ 혹시 이전에 앓고 있던 질병이 있었나요?

특별히 앓고 있는 질병이 없는 상태에서 빈혈이 생기기도 하지만 신부전과 같은 만성 질환이나 만성 염증성 질환에 의해서 빈혈이 생기는 경우도 많습니다. 이렇게 만성 질환에 의해서 발생한 빈혈일 경우, 빈혈 자체에 대한 처치도 중요하지만 빈혈의 근본 원인이 된 만성 질환에 대한 꾸준한 관리와 치료가 필요합니다.

>>> Summary

- 잇몸이 창백하고 기운이 없다면 빈혈일 수 있습니다.
- 빈혈의 원인은 매우 다양하며 정확한 원인 파악이 올바른 치료의 첫걸음입니다. 원인을 파악하기 위해서는 여러 가지 검사가 필요합니다.
- 심각한 빈혈인 경우 수혈이 필요할 수 있습니다.

헌혈하고 싶어요

집사가 묻는다

🐾 고양이도 혈액형이 있나요?

고양이에게도 혈액형이 있어요. 고양이 혈액형은 크게 3가지인데 A형, B형, AB형으로 구분합니다. 동물병원에 가면 키트를 이용해서 손쉽게 검사할 수 있으니, 만약의 상황을 대비해서 미리 혈액형을 알아두면 좋습니다. 대부분 고양이는 A형이지만 품종별로 주로 많은 혈액형이 있어요. 예를 들어 아메리칸 숏헤어의 95퍼센트 이상은 A형입니다. 반면 브리티쉬 숏헤어, 데본 렉스 등의 일부 품종 고양이 중에서는 B형 혈액형이 많습니다. AB형의 고양이는 매우 드문 편입니다.

헌혈은 안전한가요?

헌혈 과정은 헌혈묘의 안전을 최우선으로 하여 진행됩니다. 동물병원에서는 우선 헌혈하려는 고양이의 건강을 면밀히 체크합니다. 그리고 헌혈하는 고양이의 건강을 해치지 않는 양만큼 혈액을 채혈하고, 헌혈 이후에는 수의사들이 고양이의 빠른 회복을 위해 노력하죠. 헌혈 전에 담당 수의사와 충분한 상담을 통해 결정하세요. 헌혈한다면 생사를 오가는 다른 고양이에게 한 줄기 빛이 되어 줄 수 있어요.

수의사가 묻는다

고양이 헌혈을 계획 중이신가요?

고양이도 헌혈할 수 있으며, 일부 동물병원에서 고양이의 헌혈 지원을 받고 있습니다. 헌혈할 고양이는 건강해야 하기 때문에, 동물병원에서 건강검진을 통해 헌혈할 수 있는 상태인지 평가하게 됩니다. 헌혈하는 고양이의 경우 동물병원에서 건강검진비를 지원해 주는 편이에요. 건강한 고양이를 키운다면 헌혈을 통해 사랑을 실천해 보는 것도 잊지 못할 경험이 될 것입니다.

>>> Summary

- 고양이의 혈액형은 A형, B형, AB형의 3가지로 나뉩니다. 미리 고양이의 혈액형을 파악하고 있다면 응급 상황에 도움이 될 수 있습니다.
- 고양이도 헌혈할 수 있습니다. 헌혈하면 또 다른 생명을 구하는 사랑을 실천할 수 있습니다.

고양이도 심장사상충에 걸리나요?

집사가 묻는다

🐾 고양이는 심장사상충에 감염이 안 되죠?

흔히 고양이는 심장사상충에 감염되지 않는다는 오해를 합니다. 하지만 국내 길냥이 200여 마리의 유전자를 검사했을 때, 그중 6퍼센트가 확실한 감염 판정을 받았습니다.

고양이가 개와는 다르게 최종 숙주는 아니기 때문에, 심장사상충이 몸속에서 오래 생존하지 못하지만 모기를 통해서 충분히 감염될 수 있습니다.

심장사상충에 감염됐을 때 고양이가 기침을 하거나 신경 증상 혹은 구토도 보일 수 있습니다. 증상이 없거나 천식과 증상이 유사하여 심장사상충이 원인이 아니라 생각하기 쉽지만 갑작스러운 죽음까지 찾아올 정도로 심장사상충은 무서운 질병입니다.

그럼 예방은 강아지랑 똑같이 하나요?

예방법은 같습니다. 먹는 형태의 약을 한 달에 한 번씩 먹여 주거나, 바르는 약을 한 달에 한 번씩 발라줍니다. 바르는 약 역시 실험에 따르면 90퍼센트 이상의 예방효과가 있습니다. 또한 1년에 두 번 맞혀서 예방할 수 있는 주사약도 있습니다. 하지만 일반적으로는 먹거나 바르는 약물로 예방하는 방법을 주로 이용합니다.

요즘은 일 년 내내 모기가 집 안에 나타날 수 있기 때문에 심장사상충 예방은 계절에 상관없이 한 달에 한 번씩 하는 편이 좋습니다.

심장사상충 감염 검사는 어떻게 해요?

항체 검사를 통하여 심장사상충에 대한 몸의 반응을 확인하고 항원 검사를 통해서 심장사상충의 존재를 확인합니다. 심장사상충 예방약을 중단했다가 다시 줄 때는 항체 검사, 항원 검사를 통하여 심장사상충 감염이 있는지 먼저 확인해야 합니다. 감염에 대한 검사 없이, 무작정 약을 쓰면 몸속에 있는 심장사상충이 죽어서 혈관을 막아 치명적일 수 있기 때문에 수의사의 처방에 따른 치료가 필요합니다.

치료는 가능하나요?

완전히 치료할 방법은 아직까지 없습니다. 해 줄 수 있는 것은 체내 면역력을 높여 병과 싸울 수 있도록 도와주는 정도의 대증치료뿐입니다. 그나마 희망적인 것은 대증치료만으로 심장사상충 진단을 받은 고양이의 25~50퍼센트가 2년 동안 더 건강하게 살았습니다. 치료가 어렵기 때문에 예방이 중요한 질병입니다.

수의사가 묻는다

❗ 강아지를 같이 키우고 계시나요?

심장사상충에 감염된 강아지를 문 모기가 고양이를 물 경우, 심장사상충에 감염될 확률이 매우 높습니다. 심장사상충 예방을 하지 않는 강아지와 고양이를 같이 키우는 경우에는 시한폭탄을 안고 사는 것과 같습니다. 그렇기 때문에 모두 예방해야 합니다.

>>> Summary

- 고양이도 심장사상충에 감염될 수 있습니다.
- 심장사상충에 감염됐을 때 기침, 신경 증상, 갑작스러운 사망까지 다양한 증상을 보일 수 있습니다.
- 먹는 약, 바르는 약을 통해 한 달에 한 번 예방을 철저히 합시다.

고양이 심장박동수, 호흡수 측정하기

심장박동수 측정

고양이의 심장박동수를 측정할 수 있는 부위는 가슴과 뒷다리입니다. 고양이가 평온한 상태일 때 왼쪽 겨드랑이에 손을 넣고 심장박동을 느끼거나 뒷다리 안쪽 부위에 적당한 압력으로 손가락을 대보면 맥박을 느낄 수 있습니다. 스마트폰이나 시계 등 초 단위로 시간을 잴 수 있는 기구를 준비하고 15초간 심장박동수를 측정한 후 4를 곱해서 분당 심장박동수를 계산해 보세요. 150~220회 범위에 속한다면 정상입니다.

왼쪽 겨드랑이 측정

뒷다리 안쪽 부위 측정

호흡수 측정

편안한 자세로 앉아 있거나 서 있는 고양이의 가슴과 배를 유심히 관찰해 보세요. 일정한 간격으로 들어갔다 나오는 것을 보고 호흡수를 잴 수 있습니다. 혹시 눈으로 구분이 잘 안 된다면 고양이 몸에 손을 살짝 대보고 움직임을 느껴보세요. 고양이의 정상 호흡수는 1분 동안 측정했을 때 15~30회입니다.

가슴과 배의 움직임 확인

Chapter 6
소화기

밥을 안 먹어요

집사가 묻는다

:cat: 저희 고양이가 며칠 전부터 밥을 안 먹는데 이유가 뭔가요?

식욕부진의 원인은 여러 가지입니다. 감염이나 전신적인 질병, 면역 질환, 후각 문제로 냄새를 잘 못 맡는 경우, 통증, 종양, 소화기계 문제, 약물 부작용 등이 있습니다. 반면 밥을 먹고 싶은데 질병으로 인해 못 먹는 경우도 있습니다. 입과 목에 통증과 염증을 유발하는 질병, 치아나 구강 질병, 씹는 근육이나 턱관절 통증, 침샘 질병, 씹고 삼키는 데 관여하는 신경 문제, 구강, 혀, 편도 또는 관련된 구조의 종양이나 암, 다른 신체 부위의 통증 등이 원인입니다.

이렇게 다양한 원인 중에서 고양이가 밥을 먹지 않는 정확한 원인을 파악하기 위해서는 고양이의 병력과 증상에 대한 정보와 함께 다음과 같은 검사가 필요합니다.

- 기본적인 검사: 신체검사, 혈액검사, 엑스레이 검사, 초음파 검사
- 추가적인 진단 검사: 전염병 검사, 세포 검사, 조직 검사, CT·MRI 등

식욕부진 증상을 보이는 고양이를 위해 어떻게 해줘야 하나요?

일반적으로 집에서 시도할 수 있는 방법으로는 좋아하는 캔을 사료에 섞어 주기, 습식 사료를 주기 전 전자레인지에 몇 초간 데우거나 따뜻한 물을 사용하여 체온과 비슷한 온도(38℃)로 만들어서 주기, 입맛을 돋우기 위해 양념이 되지 않은 닭가슴살, 채소, 혹은 쇠고기 육수 첨가하기와 같은 방법이 있습니다. 하지만 이러한 노력에도 고양이가 식욕이 없다면 빨리 동물병원에 데려가야 하며 정확한 원인의 파악과 치료를 위해 수의사와 상담이 필요합니다.

고양이는 굶으면 지방간이 생길 수 있다고 하는데 지방간이 무엇인가요?

굶어서 영양이 결핍된 고양이는 몸에 있는 지방을 에너지로 쓰기 위해 간으로 이동시킵니다. 너무 많은 지방이 간에 쌓이면 간 기능이 떨어지게 되는데 이것을 지방간이라고 합니다. 간은 몸에서 해독작용뿐만 아니라 단

백질을 합성하거나 영양분을 저장하는 등 여러 가지 역할을 하는 아주 중요한 기관이기 때문에 신속히 치료하지 않으면 여러 다른 합병증이 생길 수 있고 심하면 죽음에까지 이를 수 있습니다.

수의사가 묻는다

❗ 밥그릇의 모양이나 재질, 청결도는 어떤가요? 또 밥그릇의 위치는 어디인가요?

　고양이들은 질병이 아닌 환경적인 스트레스나 외부 요소에 의해서도 식욕부진 증상을 보일 수 있습니다. 대표적으로 먹이 그릇이 청결하지 못한 경우 고양이들이 음식 먹기를 거부할 수 있으니 먹이 그릇은 적어도 하루에 한 번 뜨거운 물로 세척하면 좋습니다. 또한 대부분의 고양이들은 그릇에 수염이 닿는 것을 싫어하기 때문에 입구가 좁은 그릇보다는 넓은 그릇을 사용하면 좋습니다. 먹이 그릇의 위치도 신경 써 주어야 하는데, 화장실과 떨어진 곳에 있어야 하며 쉽게 접근 가능해야 합니다.

❗ 동거묘와의 관계는 어떤가요? 혹시 최근에 갑자기 사료를 바꾸지는 않으셨나요?

　여러 마리의 고양이들이 있는 경우에 각자의 먹이 그릇이 따로 있지 않고, 같은 먹이 그릇을 공유하고 있다면 좀 더 힘이 센 고양이나 식탐이 많은 고양이가 먹이 그릇을 독차지할 가능성이 있습니다. 고양이 각각의 먹이 그릇을 마련해 주세요.

갑자기 먹이의 종류를 바꾼 경우에도 먹는 것을 거부할 수 있습니다. 그러니 일주일 정도 여유를 두고 기존에 먹는 사료에 새로운 사료를 조금씩 섞어서 비율을 점점 늘려가는 방법으로 천천히 바꿔 줍니다.

>>> Summary

- 고양이가 밥을 안 먹는 이유는 다양합니다. 질병이 원인인 경우 면밀한 검사를 통해 정확히 진단해야 하며 질병이 아닌 경우 스트레스나 외부 환경 요소를 고려해야 합니다.
- 고양이는 며칠만 밥을 먹지 않더라도 심각한 상태가 될 수 있으므로 상태를 잘 살피고 늦지 않게 적절한 조치를 해야 합니다.

토를 해요

집사가 묻는다

· 고양이가 구토했어요. 당장 동물병원에 가야 할까요?

사람과 다르게 고양이는 일주일에 한 번 정도 구토를 하기도 합니다. 하지만 토를 하는 고양이를 발견한 집사의 마음은 편치 않을 텐데요, 동물병원에 가야 할지는 '구토의 빈도'와 '다른 증상 동반 여부'로 결정하시면 됩니다. 고양이가 하루에 한 번 이상 토를 하거나 식욕과 활력 감소, 호흡 곤란, 설사, 음수량과 소변량 증가 등 다른 증상을 동반한다면 동물병원에 가야 합니다.

✨ 고양이 토를 보고 알 수 있는 건 없나요?

구토의 내용물을 보고도 원인을 추측하고 동물병원에 가야 할지 결정할 수 있습니다. 아래에 해당하는 구토를 한 번만 했다면 좀 더 지켜보아도 됩니다. 구토를 하고 나서 두 시간 정도는 아무것도 먹이지 않은 후 물, 습식 사료, 건식 사료 순서로 제공해 주세요.

투명해요

물을 너무 급하게 마셨거나 소량의 위액이 역류하는 경우입니다. 간혹 공기를 함께 삼켜서 거품이 섞인 토를 할 때도 있습니다.

노란색이에요

심한 공복으로 위액이 역류하는 경우입니다. 급여 시간이나 사료의 양을 조절해 보세요.

사료가 그대로 나왔어요

사료를 너무 급하게 먹었을 경우입니다. 소량으로 여러 번 나눠주세요. 단, 천천히 먹었는데도 바로 토한다면 식도에 문제가 생겼을 수 있으니 동물병원에 가야 합니다.

이파리가 나왔어요

고양이가 잘 소화하지 못하는 식물을 먹으면 번번이 토를 합니다. 더부

룩한 속을 게워 내려고 일부러 먹는 고양이도 있답니다. 단, 백합이나 튤립 등 백합과 식물, 알로에, 디펜바키아 등 고양이에게 치명적인 식물들은 집에서 치우셔야 합니다. 대신 고양이를 위해 캣그라스를 마련해 주세요.

털뭉치가 나왔어요

그루밍 과정에서 위에 쌓인 '헤어볼'이에요. 대변으로 배출되지 않고 남아 있는 털들을 토해낸 것입니다.

반면 다음에 해당하는 구토라면 몸이 아파서 하는 구토이므로 단 한 번의 구토라도 빨리 동물병원에 가야 합니다.

빨간색이에요

구강이나 식도, 위 등 소화기계 상부에 출혈이 있는 경우입니다.

갈색이에요

만성적인 위출혈, 소장이나 대장에 출혈이 있을 경우입니다. 혈액이 소화기관 내 효소의 작용으로 색이 변한 것이죠.

초록색이에요

녹색을 띠는 담즙이 섞인 경우로 이는 구토가 십이지장에서부터 비롯되었다는 의미입니다. 췌장이나 간에 이상이 있거나 위장관에 염증이 있을 때, 감염 등이 있는 경우입니다.

이물질이 나왔어요

잘못 삼킨 물질이 일부 혹은 전부 역류하는 경우입니다. 소화기계에 남게 되면 생명에 치명적일 수 있으니 반드시 동물병원에서 이물질이 모두 빠진 것을 확인해야 합니다.

집사가 할 수 있는 것은 무엇인가요?

구토는 위에서 설명한 것 외에도 알레르기, 중독, 간이나 신장 질환, 암 등 매우 다양한 원인으로 유발될 수 있습니다. 그렇기 때문에 원인을 찾기 위해서는 혈액검사부터 초음파 검사 등 여러 가지 방법이 동원되어야 하는데요, 조속한 진단을 위해서 집사님이 제공해 주시는 정보가 매우 큰 도움이 됩니다.

먼저 최근에 사료 교체나 특이한 음식 섭취 등 식생활에 변화가 있었는지 혹은 유독 스트레스를 받을 만한 상황은 없었는지도 생각해 보아야 합니다. 동물병원에서 진단받고 치료한 경험이 있거나 치료 중인 질환을 기억해 두는 것도 중요합니다. 또 구토의 빈도나 양을 기록하고 사진을 찍어서 동물병원에 방문하시면 검사가 훨씬 수월해집니다.

동물병원에 가기 선에는 증상 완화 및 진행할 검사들을 위해 금식시켜 주세요. 단, 탈수의 위험이 있으므로 물은 계속 주셔도 됩니다.

! 고양이가 아직 어린가요?

어린 고양이가 구토한다면 응급상황으로 여겨야 합니다. 구토로 유발되는 탈수 현상이 성묘보다 새끼 고양이에게 더욱 치명적이기 때문입니다. 게다가 백신을 아직 완료하지 않은 새끼 고양이라면 세균이나 바이러스 감염에서 비롯된 신체 전반적인 문제일 수 있기 때문에 곧바로 동물병원에 가서 검사를 받아야 합니다.

>>> Summary

• 구토를 하루에 한 번 이상 하거나 식욕 저하, 기력 감소, 설사 등 다른 증상을 동반한다면 동물병원에 가야 합니다.
• 구토의 내용물을 보고 원인을 어느 정도 추측할 수 있습니다.
• 구토의 빈도나 양을 기록하고 사진을 찍어 오시면 진단에 도움이 됩니다.

똥이 이상해요

집사가 묻는다

• 고양이 변을 통해서 건강을 가늠할 수 있나요?

고양이의 변을 확인하면 설사뿐만 아니라 고양이가 혹시 탈수로 인한 변비 증상을 보이진 않는지 간접적으로 확인할 수 있습니다.

고양이가 변을 누는 모습도 살펴보세요. 힘은 주는데 변이 잘 나오지 않는지, 변이 너무 딱딱해서 변 보는 것을 힘들어하진 않는지를 확인하세요. 특히 사료를 바꾸고 난 후라면 변 상태를 한번쯤은 체크해 보면 좋습니다. 사료(특히 고단백이나 고지방 사료)가 잘 안 맞으면 설사나 변비를 할 수 있어요. 청소하면서 변의 단단한 정도와 색깔을 살펴봐 주세요. 그리고 변에 혈액이 섞여 있는지, 형태가 잘 잡히지 않았는지, 혹은 점액질이 섞여서 나왔는지 확인합니다.

🐾 똥은 어떤 모양이 가장 좋아요?

형태가 잡혀 있으며 표면에 모래가 잘 묻는 촉촉한 갈색 변이 건강한 고양이 변의 형태입니다. 너무 무르거나 딱딱하지 않고, 너무 연하거나 까맣지 않아야 합니다.

평소에 고양이가 수분이 충분히 공급되고 건강한 몸 상태를 유지하고 있다면, 변이 그 상태를 보여줍니다. 고양이가 항상 최상의 컨디션을 유지하지는 못하기에, 변이 가끔은 딱딱할 수도 무를 수도 있습니다. 하지만 나쁜 변 상태가 지속한다면 고양이의 체내 수분 상태가 좋지 않다는 신호입니다.

 ◁◀ 작고 단단한 여러 개의 덩어리

 ◁◀ 덩어리들이 뭉쳐진 소시지 모양

 ◁◀ 매끈하지만 표면에 약간 금이 간 소시지 모양

◁◀ 이상적인 변의 상태로 말랑하고 부드러운 소시지 모양

 ◁◀ 형태가 명확하고 부드러운 여러 개의 덩어리

 ◁◀ 수분이 많아 경계가 불분명하고 흐물흐물한 설사

 ◁◀ 덩어리가 전혀 없고 완전한 액체형 설사

💭 똥이 촉촉한 것이 정확히 고양이의 건강 상태와 어떤 관련이 있나요?

음식물은 식도, 위, 소장, 대장을 거치면서 소화된 후 변으로 배출됩니다. 이때, 수분은 소장에서 주로 흡수되고 대장에서 마지막으로 흡수가 일어나죠.

만약 탈수 상태라면 몸은 최대한 수분을 가져오기 위해서 노력합니다. 이때 소장과 대장에서는 변에서 수분을 한껏 빨아들이고, 그 결과 뚝뚝 끊기고 모래조차 잘 묻지 않는 딱딱한 변이 배출되는 것입니다. 반대로 몸에 수분이 충분한 상태라면 나가는 변에서 수분을 많이 흡수할 필요가 없기

때문에 촉촉한 변이 나옵니다.

 고양이가 화장실에 오래 있는데 뭐가 문제일까요?

흔히 떠올리는 변비가 아니라 비뇨기계에 이상이 있을 때도 화장실에 오래 있을 수 있습니다. 힘만 주고 아무것도 나오지 않는다면 문제가 심각할 수 있으니 동물병원에 긴급히 데려가 주세요.

대변볼 때 고양이가 힘들어한다면, 변의 상태를 면밀히 살펴보세요. 필요하다면 사진을 찍어 두면 좋습니다. 설사할 때도 화장실에 오래 있을 수 있습니다.

수의사가 묻는다

❗ 물은 평소에 얼마나 어떻게 주고 계시나요?

수분을 잘 섭취해야 건강한 변을 볼 수 있습니다. 하루에 고양이 몸무게 1킬로그램당 60밀리리터(일반적으로 종이컵 한 컵은 180밀리리터, 소주잔 한 잔은 50밀리리터) 정도가 좋습니다. 하지만 고양이들은 이런 사실을 모르기에 스스로 물을 충분히 마시지 않을 때가 많죠. 충분히 물을 공급하기 위해서는 고양이가 좋아하는 분수 형태의 고양이 정수기를 쓰거나 수분 함량이 높은 습식사료를 주면 도움이 됩니다. 물을 너무 안 마시는 고양이라면 습식사료에 따뜻한 물을 추가로 더 섞어서 줄 수도 있어요. 호기심이 많은 고양이라면 물그릇을 다양하게 바꿔주면 좋습니다. 수분 섭취 부족은 탈수로 이어지고 이는 고양이에게 자주 발생하는 비뇨기계 질환을 악화시키는 요인이 되니 꼭 신경 써야 합니다.

❗ 혹시 고양이가 방귀를 자주 뀌기 시작했나요?

사료를 바꾸고 나서부터 방귀를 이전보다 자주 뀐다면, 바꾼 사료에 식이섬유가 너무 많거나 고양이가 사료를 허겁지겁 먹는 경우일 수 있습니다. 하지만 방귀 외에 변 상태가 양호하고 활력, 식욕 모두 괜찮다면 큰 문제는 없어요. 단, 방귀를 자주 뀌고 변 상태도 이전에 비해 좋지 않다면 식이섬유가 좀 덜 들어간 사료로 바꾸거나 사료를 조금씩 자주 주는 방법을 쓸 수 있습니다.

고양이 배를 만졌을 때 꾸르륵 소리가 유독 심하고 많이 아파하는 경우에는 소화기에 문제가 있을 수 있으니 동물병원에서 검사를 받아야 합니다.

>>> Summary

- 고양이 화장실 청소 시 변의 형태, 색, 촉촉한 정도를 눈으로 확인합니다.
- 주기적으로 배도 만져 보고 방귀를 뀌는 빈도가 늘지는 않았는지 살펴봅시다.
- 변이 촉촉해야 고양이도 촉촉한 상태를 유지하고 있는 거랍니다. 평소에 충분한 수분을 공급하는 것을 잊지 맙시다.

설사를 해요

고양이 변이 처음에는 점액질이 섞여서 나오다가 이제는 액체처럼 형태가 없어요. 설사인 것 같은데, 배탈이 난 걸까요?

    고양이들이 늘 건강한 변만을 누진 않습니다. 가끔은 묽거나 딱딱한 변을 만들어 내기도 하죠. 고양이가 다른 증상 없이 묽은 변을 한 번 정도 본 것은 괜찮습니다. 문제는 액체처럼 묽은 변을 이틀 이상 지속할 경우입니다. 설사를 일으키는 원인은 단순한 배탈 외에도 굉장히 다양합니다. 장염에 걸려본 사람이라면 원치 않는 때도 계속 설사가 나오는 기분을 아실 겁니다. 고양이들도 이러한 소화기계 염증이 그 원인 중 하나이며 이외에도 사료나 간식이 바뀌었을 때, 이물을 섭취했을 때, 다른 복강 장기(간, 신장, 췌장) 문제나 전신적인 문제가 있을 때 혹은 식이 알레르기가 있을 때 설사가 생길 수 있습니다. 고양이가 스트레스를 받았을 때도 설사를 할 수 있습니다.

🐾 고양이가 설사할 때마다 동물병원에 가야 하나요?

고양이가 설사 외에 다른 증상 없이 평소와 상태가 같다면 응급한 상황은 아닙니다. 하루에서 이틀 정도 설사를 계속하는지 지켜보며, 캔사료를 주어 수분 섭취가 더 잘 이루어지도록 하고 유동식을 주어 소화가 잘 되도록 도와주면 좋습니다.

만약 고양이가 피가 섞인 설사를 하거나, 구토나 기력저하와 같은 다른 증상이 동반되는 경우 또는 하루에 세 시간에서 여섯 시간 간격으로 설사를 계속하는 경우라면 동물병원에 가서 진단 및 치료를 받아야 합니다. 특히 어린 고양이는 설사로 인해 탈수 상태가 더 쉽게 오며 설사가 감염성 질환에 의한 증상일 수 있으므로 동물병원에 데려가 즉각적인 치료를 받아야 합니다.

🐾 제가 예전에 먹었던 지사제를 고양이에게 소량으로 먹이려고 하는데, 큰 문제가 되나요?

집사는 약을 소량 먹인다고 생각하지만 고양이에게는 엄청난 과용량일 수 있습니다. 수의사의 처방 없이 임의로 약을 먹이면 매우 위험합니다. 이

뿐만 아니라, 지사제 복용으로 인해 증상이 일시적으로 가려져 오히려 설사를 일으키는 원인을 파악하기 힘들 수도 있습니다. 어떤 이유에서든 사람이 복용하는 약을 임의로 주면 안 됩니다.

수의사가 묻는다

❗ 설사는 언제부터 했고, 설사 외에 다른 증상은 없었나요?

언제부터 증상이 나타났는지, 만성적으로 오랜 기간이었는지, 그리고 증상을 보이기 전 특별한 일이 있었는지 등을 수의사에게 전달하면 진단에 큰 도움이 됩니다. 환경의 변화나 미묘한 식이 변화로 인해서도 설사를 할 수 있기 때문입니다. 또한 설사는 주로 소화기 문제로 인해 생기지만 앞서 얘기한 간, 신장, 췌장과 같은 장기의 문제가 있을 때도 보일 수 있으므로 함께 동반된 다른 증상에 대해서도 자세히 수의사에게 말씀해 주세요.

한편, 고양이는 우유, 치즈나 아이스크림과 같은 유제품을 먹은 경우에도 설사를 할 수 있습니다. 이는 유제품을 소화하는 효소가 고양이 체내에서 만들어지지 않기 때문에 그렇습니다. 따라서 고양이가 유제품을 먹지는 않았는지도 확인해 주세요.

보통 설사하는 고양이들은 변이 정상보다 더 자주 배출되어 배변 횟수가 증가합니다. 설사하는 고양이들은 간혹 배변을 위해 힘을 주는 모습을 보일 수 있는데, 이 모습을 보고 집사님들은 고양이가 변비에 걸렸다고 착각할 수도 있습니다. 이는 소량의 설사가 남아 있어도 배출을 계속하기 위해 힘을 주는 것이며 변이 남아 있는 결장에 염증이 생긴 것이 원인일 수 있습니다. 따라서 배변 형태뿐만 아니라 배변하는 모습과 횟수도 확인해야 합니다.

❗ 설사 후 관리는 잘 해 주시나요?

집에서의 관리는 우선 고양이의 설사 증상이 호전될 때까지 위장관에 무리가 가지 않도록 간식이나 사료를 평소보다 적게 주셔야 합니다. 설사를 심하게 했던 고양이라면 당분간은 소화가 잘 되는 식이로 바꿔주면 큰 도움이 됩니다. 구운 닭고기, 스크램블 에그와 같은 음식에 끓인 물 혹은 약간의 끓인 밥, 사료를 섞어서 줄 수도 있습니다. 이러한 식이를 소량으로 하루에 여섯 번 정도로 나누어서 고양이에게 주어야 합니다. 이렇게 2~3일 동안 식이 관리를 한 뒤 고양이 상태가 양호하다면 그 후로 3~5일에 걸쳐 기존에 먹던 식이를 조금씩 섞어 원래대로 돌아가게 해 줍니다. 한 번에 원래 먹던 식이습관으로 바로 돌아가지 않고 서서히 바꾸어 주어야 합니다.

실타래나 장난감 등의 이물을 삼켜 문제가 생겼던 고양이라면 물건을 잘 치워 주시고 쓰레기통을 뒤지지는 않는지 잘 확인해 주세요. 또한 고양이 설사의 원인이 감염성 질환일 경우, 일부 병원균은 사람에게도 감염될 수 있기 때문에 변이 묻은 곳을 깨끗이 치워 주시고, 치우고 나서 감염되지 않도록 손을 잘 닦는 등 집사 스스로도 주의가 필요합니다. 큰 전신 질환이 없는데도 만성적으로 간헐적인 설사를 하는 고양이라면 식이와 스트레스에 민감한 것일 수 있으므로 수의사와의 상담을 통해 장에 부담이 덜한 처방식 사료를 먹이거나 고양이가 설사할 때마다 유동식을 먹이면서, 혹시 집안에 고양이가 스트레스를 받는 환경적인 조건이 있는지 면밀히 살펴보아야 합니다.

>>> Summary

- 고양이가 설사한다면 우선 최근에 식이 변화가 있었는지, 스트레스를 받지는 않았는지 살펴봅시다.
- 설사가 이틀 이상 지속하거나 세 시간에서 여섯 시간 간격으로 설사를 하는 경우, 혹은 구토나 기력 저하와 같은 다른 증상을 동반하는 경우에는 탈수의 위험이 있으므로 동물병원에 데려가 필요한 검사 및 처치를 받아야 합니다.

변비가 있어요

우리 고양이 변비인가요?

고양이가 배변을 힘들어하며, 똥이 대부분 상당히 마른 상태라면 변비일 가능성이 높습니다. 주의할 점은 변비일 때 계속 마른 변만 나오는 것은 아니라는 것입니다. 변비에 걸리면 딱딱한 대변이 대장 벽을 자극해서 염증이 생기기 때문에, 마른 변 사이에 중간중간 무른 변이 섞여 나오기도 합니다. 주로 관찰되는 똥의 형태가 마른 변인지를 살펴보셔야 합니다.

변비가 계속된다면 변이 더욱 딱딱해져서 꽉 막혀 버리기도 합니다. 이렇게 되면 몸 밖으로 배출되어야 하는 변이 정체되어 나쁜 성분이 나가지 못하고 혈액에 쌓이게 됩니다. 혈액 중에 독성 성분들 때문에 이상 증상을 보일 수도 있어요. 풍선에 바람을 불었다가 오랜 시간이 지난 뒤에 바람을 빼면 풍선이 이전보다 늘어지듯이, 변비가 심하면 대장이 확장되고, 시간이 흐르면 대장이 아예 늘어나 버리기도 하는데, 이를 거대결장증이라고 합니다. 이렇게 되면 약으로 관리가 어렵고 변비의 치료를 위해 수술이 필요합니다. 변비는 응급질환은 아니지만, 치료와 관리가 필요한 질환이므로 대변의 상태가 좋지 않거나 의심 증상이 나타난다면, 동물병원에 가서 진료를 받아야 합니다.

변비가 심해졌을 때 다음의 증상들이 나타날 수 있습니다.

- 식욕이 없어요.
- 기운이 없어 보여요.
- 몸무게가 줄었어요.
- 구토를 해요.

또한 변비가 계속되면 탈수 증상이 생길 수 있습니다. 잇몸과 입안에 점막이 마른 느낌이 든다면 탈수일 가능성이 높습니다. 잇몸을 엄지로 눌렀다가 떼면, 삼깐은 하얗지만 곧바로 붉게 혈색이 돌아옵니다. 하지만 고양이가 탈수가 심하면 혈색이 돌아오는데 1초 이상의 시간이 걸릴 수 있습니다. 이런 증상이 관찰된다면 신속하게 동물병원에 가야 합니다.

🐾 고양이는 왜 변비에 걸리나요?

잘 소화되지 않는 것을 먹거나, 물을 충분히 안 마시면 변비가 생기기 쉽습니다. 예를 들어 과도한 헤어볼도 변비를 유발하는 원인입니다. 항문이나 대장에 통증이 있거나, 배변 자세를 취하기 어려워서 변비에 걸리기도 합니다. 예를 들어 배변 자세를 취할 때마다 다른 동거묘가 공격해서 똥을 못 싸는 것이 반복되어 결과적으로 변비에 걸리는 경우도 있습니다. 변비에 걸릴 수 있는 주요 상황들은 다음과 같습니다.

식이 요소

- 과도한 헤어볼, 옷감, 뼈 등 소화 안 되는 이물질을 먹었을 때
- 물을 충분히 마시지 않았을 때

환경 요소

- 화장실이 더러울 때
- 화장실이 마음에 들지 않을 때
- 화장실에서 싫어하는 냄새가 날 때
- 모래가 마음에 들지 않을 때
- 낯선 곳으로 이사 갔을 때
- 생활 반경에 변화가 있을 때
- 고양이 간에 영역 싸움이 있을 때

배변 자세 취하기 어려움

- 척추 질환이 있을 때

- 골반에 문제가 있을 때

- 다리에 마비, 골절 등의 문제가 있을 때

통증

- 인접 부위에 상해를 입었을 때

- 인접 부위에 감염이나 염증이 심할 때

물리적 막힘

- 배변 관련 부위에 종양이 있을 때

- 골절로 배변 관련 부위가 막혀 있을 때

고양이가 변비일 때 집사가 할 수 있는 것은 무엇인가요?

가급적 섬유질을 충분하게 주어야 합니다. 다만 변비로 인해 출구가 꽉 막힌 상태에서 섬유질 급여를 늘리면 변비가 심해질 우려가 있으므로, 고양이 상태에 대한 평가 이후에 식이 관리를 진행하는 것이 좋습니다.

급여량, 음수량도 매우 중요합니다. 급여량은 똥의 양에 영향을 주고, 음수량은 똥의 무른 정도에 영향을 줍니다. 고섬유질 식이를 주고 충분한 물을 주지 않는다면 오히려 변비가 심해질 수도 있으므로, 고양이가 변비라면 물을 충분하게 마실 수 있게 해 주세요. 고양이가 선호하는 물그릇으로 바꿔주거나, 수분 함량이 많은 음식을 급여합니다. 또한 충분한 운동량을 위해 많이 놀아 주세요.

변비를 대수롭지 않게 생각할 수도 있지만, 고양이는 변비로 인해 괴로울 뿐만 아니라 장기간 지속하는 경우 거대결장증을 유발할 수도 있기에 며칠 이상 지속하는 경우 진료를 받아야 합니다.

수의사가 묻는다

❗ 최근에 식이 변화가 있었나요?

부적절한 식이는 변비를 유발하는 중요 요소입니다. 그래서 고양이가 변비에 걸렸다면 식이에 대한 분석은 필수입니다. 최근에 급여한 사료, 간식 등을 잘 떠올려서 기록해 주세요. 이와 함께 음수량도 반드시 체크해야 합니다. 몸에 수분이 부족하면 대변에 있는 물을 재흡수해서라도 필요한 체내 수분량을 유지하려고 하기에 변비에 걸리기 쉽습니다.

❗ 배를 만져 보았을 때 딱딱하게 뭔가 만져지지는 않나요?

고양이 배를 만졌을 때 폐타이어처럼 어느 정도 부피가 있는 변 덩어리가 만져진다면 심한 변비 때문일 수도 있어요. 고양이가 변을 누려고 하는

데 나오지 않거나 3일 이상 변비가 지속한다면 동물병원에 데려가 주세요.

❗ 이전부터 있었던 다른 질병은 없나요?

골절이나 신경계 문제로 인해 잘 힘을 주지 못하거나, 대장의 운동성이 떨어질 때도 변비가 발생할 수 있습니다. 대장에 통증을 주는 질병, 종양 등도 변비를 유발합니다. 다른 질병들이 변비를 유발하는 경우, 해당 질병을 치료하지 않는다면 변비가 계속 재발할 수 있어요. 사랑하는 반려묘가 자꾸 변비를 보인다면, 원래 있던 질병에 대한 치료와 식단 개선을 통해 고통을 줄여 주어야 합니다.

>>> Summary

- 고양이가 변비를 보인다면 식이와 음수량을 철저히 기록해야 합니다.
- 음식 문제가 가장 일반적이지만, 신경 문제, 소화기계 운동 저하, 탈수 등의 질병도 변비를 유발할 수 있습니다. 질병이 있다면 반드시 치료해야 합니다.
- 충분히 물을 마실 수 있게 해 주세요. 또한 변비가 지속한다면 식이에 대해 평가하고 식이를 개선해야 합니다.

고양이 인공호흡, 심폐소생술 익히기

고양이의 호흡과 심장박동이 멈췄을 때 응급처치로 인공호흡과 심폐소생술(CPR)을 실시할 수 있습니다. 하지만 호흡과 심장이 멈춘 고양이는 전문가의 심폐소생술을 받더라도 호흡과 심장박동이 되돌아올 확률이 매우 낮습니다. 따라서 심폐소생술이 필요한 응급 상황에 닥치기 전에 고양이의 상태를 잘 살피고 만약 호흡을 힘들어하거나, 기운이 너무 없거나, 정신을 잃는 등의 모습을 보이면 지체하지 않고 동물병원에 데려가야 합니다. 만약 주변에 도움을 받을 전문가가 없고 고양이에게 심폐소생술을 해야 하는 상황이라면 아래의 내용을 숙지하여 침착하게 실시합니다.

1 고양이의 호흡과 심장박동 확인

고양이의 호흡과 심장박동이 멈췄는지 확인해야 합니다. 호흡이 멈춘 상태에서는 고양이의 가슴이 오르락내리락 움직이지 않고 코앞에 손을 댔을 때도 공기의 움직임이 느껴지지 않습니다. 조금이라도 호흡이 남아 있는 고양이에게는 인공호흡과 심폐소생술을 실시하지 않습니다. 고양이 심장박동 확인은 '고양이 심장박동수, 호흡수 측정하기'를 참고해 주세요.

2 기도 확인

호흡이 없다면 입을 벌려서 입안과 목구멍을 막고 있는 것은 없는지 확인합니다. 만약 이물질이 있다면 제거해 줍니다. 혀는 목구멍을 막지 않도록 입 앞쪽으로 빼 둡니다.

3 인공호흡

고양이의 목이 곧게 펴진 상태에서 고양이의 입을 막고 코를 통해 4~5회 숨을 강하게 불어 넣습니다.

고양이의 호흡이 되돌아오는지 살펴보고 계속해서 호흡이 멈춰 있다면 1분에 20~30회 인공호흡을 실시합니다.

4 심폐소생술 CPR

고양이의 심장박동이 멈춘 상태라면 인공호흡과 흉부 압박을 함께 실시해야 합니다. 심폐소생술을 위해서는 고양이의 오른쪽이 아래로 가도록 눕힌 후 고양이의 팔꿈치가 닿는 갈비뼈 부근에 손가락을 대고 압박을 합니다. 압박 횟수는 1분에 100~120회(대략 1초당 2회) 정도가 적당하며 분당 120회 이상으로 더 빠르게 압박하는 것은 좋지 않습니다. 압박하는 깊이는 원래 가슴 깊이의 2분의 1(약 2.5센티미터) 정도로 합니다. 30회 압박당 인공호흡을 2회 실시합니다.

5 고양이 호흡과 심장박동 확인

1분간 심폐소생술 실시 후 고양이의 호흡과 심장박동이 돌아왔는지 확인합니다. 만약 여전히 호흡과 심장박동이 느껴지지 않는다면 앞서 설명한 심폐소생술을 반복합니다.

만약 심폐소생술을 실시한 지 20분 이상 지나도 호흡과 심장박동이 돌아오지 않는다면 고양이가 다시 소생할 가능성은 매우 희박합니다.

Chapter 7

비뇨기

오줌이 이상해요

집사가 묻는다

• • 소변 색이 평소와 다른데, 괜찮은가요?

물처럼 투명한 색이에요

내분비계 질환을 의미할 수 있어요.

짙은 꿀색이에요

탈수 상태로 몸에서 수분이 부족하여 소변으로 나가야 할 물을 다 끌어

쓰는 상태일 수 있습니다.

갈색이에요

소변에 혈액 성분인 빌리루빈이 많은 것일 수 있습니다.

피가 섞여 보여요

결석, 염증 혹은 감염의 문제가 있을 수 있으므로 반드시 동물병원을 찾아야 합니다.

평소와 다르다는 느낌을 익히는 것이 중요하고, 이상이 있다면 동물병원에 가서 요검사를 받으셔야 합니다. 하지만 색 변화는 굉장히 주관적이기에 이것만으로 진단하는 것은 부정확합니다.

소변을 확인하겠다고 매일 고양이가 모래를 덮기도 전에 화장실에서 쫓아내 버리면 고양이가 화장실을 싫어하게 될 수도 있습니다. '주인은 내가 여기서 소변을 눌 때마다 나를 괴롭히는구나' 생각하고 오히려 배변을 밖에 하거나, 소변을 참게 될 수 있어서 조심해야 합니다.

☀ 소변의 양이 건강과 어떤 관련이 있나요?

건강한 고양이라도 더운 날씨에는 물을 많이 마셔서 일시적으로 소변의 양이 늘어날 수 있습니다. 하지만 계속해서 물을 많이 마시고 소변의 양이 늘었다면 만성 신장 질환이나 내분비 질환 등의 가능성이 있습니다. 소변의 양이 줄고 오줌을 누는 것을 힘들어한다면 하부요로계 질환이 있거나 화장실이 마음에 들지 않아서 일 수 있습니다.

꞉ 오줌 냄새가 평소와 다른데, 아픈 걸까요?

오줌 특유의 지린내가 평소보다 심해졌다면 방광염, 결석, 하부요로계 질환의 가능성이 있습니다. 심각한 당뇨가 있거나 오랫동안 먹지 못하여 지방간이 있을 때는 오줌으로 '케톤'이 나올 수 있는데, 이 경우 풋사과향 같은 달콤한 냄새가 나기도 합니다. 동물병원에 가서 이상이 있는지 확인해야 합니다.

수의사가 묻는다

❗ 물은 평소에 얼마나 어떻게 주고 계시나요?

하루에 고양이 몸무게 1킬로그램당 60밀리리터 정도의 물을 주시는 게 좋습니다. 만약 고양이가 3킬로그램이면 하루에 마셔야 하는 물의 양은 180밀리리터라고 생각하시면 됩니다. 고양이는 개보다 물을 싫어하는 습성이 있기 때문에 음수량에 더욱 신경 써야 합니다. 시중에 있는 고양이 정수기를 이용해도 좋습니다. 고양이의 흥미를 끌 수 있게 어항 형태의 고양이 정수기도 있고, 위로 샘이 솟는 형태의 고양이 정수기도 있습니다.

>>> Summary

- 소변을 치울 때 소변의 양이 평소와 비교했을 때 어떤지, 위치는 평소에 누던 곳인
  지 확인합니다.
- 소변의 평소 색을 잘 기억해두었다가 변화가 있는지 살펴보세요. 피가 섞여 있다
  면 동물병원에서 꼭 진료를 받으셔야 합니다.
- 소변 확인을 위해 고양이의 화장실을 뺏지는 말고, 고양이가 화장실을 정리할 여
  유를 줍니다.

오줌을 눌 때 힘들어해요

: 하부요로계 질환

집사가 묻는다

🐾 고양이 하부요로계 질환FLUTD : Feline Lower Urinary Tract Disease이 뭔가요?

명칭은 길지만 말 그대로 신장(콩팥)에서 요도까지 이어지는 전체 비뇨기계 중 하부에 해당하는 방광~요도 구간에 생기는 다양한 질환을 통칭합니다. 이 구간에 어떤 문제가 생기면 소변이 정상적으로 배출되지 못하고 여러 가지 증상을 보이게 됩니다.

😺 고양이가 어떤 행동을 보이면 하부요로계 질환을 의심해야 할까요?

살짝 수그린 자세

아치형 등

구부린 자세

곧추선 앞다리와 뒷다리

▲ 정상적인 배뇨 자세

▲ 배뇨를 힘들어하는 자세

고양이가 화장실에 앉아는 있지만 오줌을 시원하게 누지 못하고 오랜 시간 찔끔찔끔 흘리는 모습을 발견한다면 하부요로계 질환을 강력하게 의심해야 합니다. 지나치게 자주 화장실을 들락날락하거나 감자(소변 때문에 뭉쳐진 모래)의 크기가 평소보다 작은 것도 오줌을 제대로 누지 못하기 때문일 수 있습니다. 하부요로계 질환 증상이 심하다면 소변을 볼 때 통증을 호소하며 소리를 내거나 혈뇨를 보기도 합니다. 또한 생식기 부위를 계속 핥거나 화장실 이외의 곳에서 소변을 보고 공격성이 증가하는 등 행동에 변화를 보이는 경우도 있습니다.

😺 하부요로계 질환은 구체적으로 어떤 질환들을 말하는 건가요?

고양이가 소변을 잘 보지 못한다면 결석, 세균 감염, 요도 플러그plug, 종양 등 다양한 질환이 의심됩니다. 그런데 이 질환들이 있을 때 나타나는 증상이 배뇨 곤란으로 모두 비슷해서 정확한 원인을 판별하려면 요검사, 엑스레이 검사, 복부초음파 등의 추가 검사가 필요합니다. 하지만 검사를 하더라도 정확한 원인을 밝혀낼 수 없는 경우, 즉 특발성인 경우도 상당히 많습니다.

⁙ 어떤 고양이들이 특히 이 질환을 주의해야 할까요?

FLUTD는 고양이에게 비교적 흔한 비뇨기계 질환으로 원인이 다양한 만큼 어떤 고양이라도 발병할 수 있습니다. 그렇지만 요도의 길이가 길고 지름도 좁은 수컷 고양이에게 발생 확률이 더욱 높습니다. 또 어린 고양이보다는 두 살 이상의 고양이, 비만인 고양이, 수분 섭취량이 적은 고양이 등이 더 위험할 수 있습니다.

수의사가 묻는다

❗ 얼마나 오래 오줌을 못 쌌나요?

FLUTD는 응급 질환에 속합니다. 12~48시간 이상 배뇨를 하지 못하면 몸에서 배출되어야 하는 독소가 축적되면서 급성 신부전과 요독증을 유발할 수 있는데요, 이는 자칫하면 고양이의 생명까지도 앗아갈 수 있습니다.

시간이 더욱 지체된다면 방광이 터지기도 합니다. 이 질환은 집에서 집사가 할 수 있는 조치가 없으므로 반나절 이상 소변을 보지 않은 채 오줌을 누려는 자세를 취하며 아파한다면 최대한 빨리 동물병원에 가야 합니다.

❗ 한 번이라도 이 질병을 진단받은 적이 있나요?

FLUTD는 재발률이 높기 때문에 평소에도 꾸준히 관리하며 예방에 신경 써야 합니다. 먼저 고양이 수분 섭취량을 늘려서 소변을 자주 보게 하도록 시원하고 깨끗한 물을 자주 제공하고, 건사료보다는 캔사료의 비율을 높이면 좋습니다. 그리고 생활 동선을 늘려주거나 주기적인 놀이를 통해 비만이 되지 않도록 노력해야 합니다. 또한 FLUTD는 스트레스를 받는 고양이에게 더욱 자주 발병하기 때문에 고양이가 안심할 수 있는 편안한 환경을 만드는 것이 중요합니다.

>>> Summary

- FLUTD는 하부 요로계(방광~요도 구간)에서 배뇨장애를 유발하는 다양한 질환을 통칭합니다.
- 고양이가 소변을 보기 어려워하거나 아파하고 화장실을 자주 들락날락하면 이 질환을 의심해야 합니다.
- FLUTD는 응급질환이기 때문에 한나절 이상 소변을 보지 못하면 곧바로 동물병원에 가야 합니다.

피가 섞인 오줌을 싸요

: 결석

집사가 묻는다

● 결석은 왜 생기나요?

결석은 오줌의 미네랄 성분이 일정 농도 이상을 넘은 상태에서 오랜 시간 정체되면 생깁니다. 고양이 결석 중 가장 흔한 것은 스트루바이트와 칼슘 옥살레이트 결석입니다. 스트루바이트 결석은 pH가 7 이상인 알칼리성 오줌에서 잘 생깁니다. 일부 세균이 오줌 속 요소 성분을 암모니아로 분해해서 오줌을 알칼리화시킵니다. 따라서 비뇨기에 이러한 세균이 감염되었을 때 스트루바이트 결석이 생길 가능성이 높습니다. 어린 고양이나 나이든 고양이에게 감염으로 인한 스트루바이트 결석이 더욱 흔히 발생하는 편이에

요. 물론 감염되지 않더라도 알칼리성 오줌이 지속하거나, 건사료 또는 탄수화물을 많이 먹으면 스트루바이트 결석이 생길 확률이 커집니다.

칼슘옥살레이트 결석은 오줌에 칼슘이 많아지면 생깁니다. 혈액의 칼슘 수치를 높이는 질환이 있다면 오줌 내 칼슘 농도도 높아질 수 있기에 칼슘옥살레이트 결석이 발생할 가능성이 높습니다.

이 밖에도 다양한 미네랄 성분이 결석을 생성할 수 있고, 여러 가지 성분이 혼합되어 결석을 만들어 내기도 합니다. 어떤 성분이 결석을 유발했는지 정확히 알기 위해서는, 수술 내지 시술을 통해 결석을 꺼내서 검사를 진행해야 합니다. 다만 수술 전에도 요검사를 통해 결석의 성분을 추정할 수도 있습니다. 이외에도 오줌의 pH, 방광염 유무 등을 확인해야 하므로, 결석이 있다면 꼭 요검사를 받아야 하며, 결석의 유무와 위치 확인 등을 위해선 영상 검사가 필요합니다.

˙😶 집사가 할 수 있는 건 없을까요?

고양이가 물을 충분히 마시게 해 주는 것이 가장 중요하며, 이를 통해 결석을 예방할 수 있습니다. 오줌량이 많아지면 고이지 않고 빨리 배출되어, 결석이 생길 기회가 적어지기 때문입니다. 그래서 물그릇을 다양하게 갖추어 고양이의 흥미를 유발하거나, 고양이 정수기를 활용하면 좋습니다. 캔으로 된 사료는 수분이 70퍼센트 정도 함유되어 있으므로, 캔사료를 주로 주는 것도 음수량을 늘리는 데 큰 도움이 될 수 있답니다.

식이 관리도 집사가 할 수 있는 일이지만, 수의사의 진단에 따른 식이 설계에 맞추어 급여해야 합니다. 예를 들어 스트루바이트 결석은 식이 관리로 용해될 수 있지만, 칼슘옥살레이트 결석은 식이 관리로 녹이기 어려운 등 결석의 상태에 따라 고려할 사항들이 많기 때문입니다.

고양이 결석 치료는 어떻게 하나요?

결석의 크기, 종류, 위치에 따라 치료 방법이 달라질 수 있기 때문에 상세한 부분은 담당 수의사의 진료와 상담이 꼭 필요합니다. 수술이나 시술로 제거해야 하는 경우도 있고, 먼저 식이 관리로 결석을 녹이는 것을 시도하는 경우도 있습니다.

또한 방광염이 동반되었다면 방광염에 대한 내과적인 치료도 꼭 필요합니다. 방광염 치료는 중간에 임의로 중단하지 않고 꼭 수의사의 진료에 따라 끝까지 치료를 받으시는 것이 중요하고요. 집사가 보기엔 오줌에 냄새가 나지 않거나 별다른 이상이 없어 보여도, 검사를 해서 현미경으로 보면 세균이 바글바글할 때도 많습니다. 다 나았다고 임의로 판단해서 치료를 끝까지 받지 않으면 항생제 내성균을 비롯한 문제가 생길 수 있습니다.

❗ 오줌의 색과 냄새가 변하지는 않았나요?

특히 고양이에게 결석이 있었다면 소변의 상태를 주의해서 살펴보셔야 하고, 이상이 생기면 동물병원에서 진료를 받으셔야 합니다. 비뇨기계에 감염이나 염증, 종양, 결석이 있을 때 피가 섞인 오줌을 쌀 수 있습니다. 치료가 꼭 필요한 질환들이기에 피가 섞인 오줌을 발견했다면 반드시 진료받을 수 있도록 해 주세요.

그 밖에도 오줌의 색이 변하거나, 오줌에서 심한 악취가 나는 경우, 오줌을 자주 보러 가지만 양이 충분하지 않거나, 오줌을 쌀 때 아파한다면, 동물병원에 데려가서 확인해야 합니다. 실제로 오줌에서 악취가 나서 동물병원에 온 고양이 중 상당수에게 방광염이 확인되기도 합니다.

❗ 결석 병력이 있나요?

결석이 있었던 고양이라면 다시 결석이 발생할 가능성이 상대적으로 높습니다. 때문에 식이와 급여 패턴에 대한 관리를 통해 결석을 예방하는 것이 중요합니다. 먼저 캔이나 파우치 사료를 급여하여 음수량을 늘려 주셔야 합니다.

이전에 스트루바이트 결석이 있었다면 최대한 오줌의 pH를 6~6.8 정도로 유지하도록 노력해야 합니다. 처방식 사료를 급여하거나, 급여 패턴을 자율배식으로 바꾸면 오줌의 pH를 해당 범위에서 지속하는 데 도움이 됩니다. 한 번에 배부르게 과식하면 오줌의 pH가 갑자기 높아질 수 있는데요, 자율 배식을 하면 조금씩 자주 먹어서 오줌의 pH가 심하게 높아지는 것을 방지하는 효과가 있습니다.

만일 칼슘 옥살레이트 결석이 있었다면 소변의 pH를 7 이상으로 유지해야 재발을 방지할 수 있습니다. 상세한 수치는 연구 결과에 따라 다소 차이가 있으니, 수치 자체보다는 식이 관리의 중요성에 초점을 맞추어 기억해 주세요.

>>> Summary

- 소변이 붉게 변하거나 심한 악취가 나는 것은 비뇨기계 적신호입니다.
- 물을 충분히 많이 마실 수 있도록 해 주세요. 예를 들어 건사료 대신 캔이나 파우치 사료를 급여하는 편이 더 좋습니다.
- 결석은 종류, 위치, 크기 등에 따라 치료나 관리 방향이 결정됩니다. 요검사, 영상 검사 등의 면밀한 평가와 충분한 상담이 필요합니다.

오줌을 아무 데나 싸요

고양이가 화장실은 안 가고, 소파와 침대에 오줌을 싸요. 왜 이러는 걸까요?

배뇨 실수는 대체로 고양이 혹은 화장실 자체에 원인이 있습니다. 우선 고양이가 몸이 아플 때 배뇨 실수를 할 수 있습니다. 하부 요로계 질환, 소화기계 질환, 관절염 혹은 기운을 떨어뜨리는 내과적 질환이 있는 경우가 이에 속합니다. 배뇨 실수 이외에 다른 아픈 증상이 있다면 고양이의 건강 상태를 의심해야 합니다.

화장실 자체의 문제란 고양이가 화장실이 마음에 들지 않는 것입니다. 고양이의 화장실 취향은 크게 두 가지에 의해 좌우되는데 바로 '촉감'과 '위치'입니다. 고양이가 이불이나 침대에 오줌을 싸는 이유는 부드럽고 푹신 거리는 그 촉감이 좋아서일 수 있습니다. 혹시 화장실 모래의 입자가 크거나 거칠거칠하지는 않은가요? 모래가 너무 얕게 깔려 있지는 않은지요? 이러한 사항들을 체크하고, 화장실을 고양이가 좋아하는 형태로 바꾸어 보면 좋습니다.

한편 화장실은 보통 조용한 골방 같은 느낌의 위치에 두는 것이 일반적인데, 어떤 고양이는 자신이 좋아하는 특정한 화장실의 위치가 있답니다. 따라서 이런 경우에는 일단 고양이가 좋아하는 위치에 화장실을 마련해 주세요. 그 위치에 화장실을 두었을 때 고양이가 화장실을 이용하기 시작한다면, 고양이가 눈치채지 못하게 하루에 5센티미터 정도만 조금씩 화장실을 원하는 위치로 이동시켜 보세요. 그리고 이전에 고양이가 오줌을 쌌던 위치에는 장난감이나 간식을 두어 이제는 화장실이 아닌 다른 장소로 인식하도록 해 주세요. 끈적이는 테이프나 알루미늄 호일을 두어 그 장소를 고양이가 화장실로 선호하지 않는 곳으로 만들 수도 있습니다.

이 두 가지 외에도 화장실의 개수와 형태 및 크기에도 신경을 써주어야 합니다. 고양이를 여러 마리 키운다면 마릿수+1개의 화장실을 마련하여 여러 선택지를 주는 것이 일반적입니다. 이렇게 화장실 개수를 맞춰 준다면 어느 고양이가 어디 화장실을 이용하는지 알 수 있어서, 배변이나 배뇨에 문제가 생겼을 때 어느 고양이에게 문제가 있는지 파악하기가 더 쉽습니다. 화장실의 형태는 뚜껑이 없는 평판형과 뚜껑이 있는 후드형이 있는데, 어느 것이든 고양이의 취향만 맞으면 상관없습니다. 여러 마리의 고양이를 키우는 경우 서로의 영역 침범에 대한 경계를 완화하기 위해 4면이 모두 개방된

평판형으로 마련해 주면 좋습니다. 화장실 크기는 고양이들은 자신의 몸길이보다 최소 1.5배 더 큰 화장실을 선호합니다. 볼일을 보러 갔는데 몸이 화장실에 꽉 낀다면 매우 불편하겠죠.

🐾 모래 종류를 바꿨는데 고양이가 화장실을 안 가기 시작했어요. 바뀐 모래를 싫어하는 건가요?

이런 경우라면 고양이가 바뀐 모래 그 자체를 싫어하거나, 갑자기 화장실이 바뀐 것에 적응이 되지 않아서일 수 있습니다. 모래를 어떤 종류로 바꾸셨나요? 모래 소모가 적어 나름 경제적인 흡수형 모래(실리카겔, 펠렛)는 일반적으로 고양이가 그리 좋아하는 형태는 아니라고 알려져 있습니다. 고양이들에게 기호성이 가장 높은 형태는 응고형 모래(벤토나이트)입니다. 고양이들은 모래가 부드럽고 모래알이 날리지 않을수록, 그리고 향기가 나지 않을수록 일반적으로 더 좋아합니다. 물론 고양이마다 모래에 대한 기호는 다를 수 있습니다. 만약 화장실의 모래를 한 번에 전부 바꿨다면, 이전 모래에 새 것을 섞어 천천히 바꿔보세요. 마치 사료를 새로 바꿀 때처럼 이전 모래에 새 모래를 점차 섞어준다면 고양이가 바뀐 모래에 천천히 적응할 수도 있습니다. 이런 노력에도 고양이가 화장실을 이용하지 않는다면, 이전 모래로 다시 화장실을 꾸려 주면 좋습니다.

고양이의 스프레이 행동은 배뇨 실수와는 다른 것인가요?

고양이의 스프레이 행동은 고양이가 화장실이 아닌 곳에서 배뇨하는 점에서는 배뇨 실수라고 볼 수도 있으나, 스프레이 행동만의 특징이 있습니다. 스프레이 행동은 고양이가 의자나 벽처럼 수직인 면에 엉덩이를 향한 채로, 꼬리를 수직으로 세우며 배뇨를 소량 하는 것이 특징입니다.

이 행동은 주로 중성화하지 않은 고양이들, 특히 수컷에서 많이 보이는 편입니다. 다묘 가정에서 고양이들이 자신의 영역을 표시하거나 냄새를 묻히기 위해, 혹은 스트레스를 받았을 때나 새로운 집 혹은 가구와 같은 환경에 적응하기 위해서도 나타납니다.

중성화를 하지 않은 고양이라면 중성화 수술 이후 이 행동은 자연스럽게 없어지는 것이 일반적입니다. 스트레스로 인해 고양이가 스프레이 행동을 보인다면, 고양이의 심기를 불편하게 하는 원인을 찾아내야 합니다. 이 경우 일정한 시간대에 고양이에게 간식을 주거나 고양이와 놀아 주는 등 예상할 수 있는 일들을 해 주었을 때 스프레이 행동이 줄어들 수 있습니다. 만약 고양이가 새로운 환경에 적응하기 위해 스프레이 행동을 보인다면, 유린오프 등의 제품을 이용해 배뇨한 곳을 깨끗이 닦아 냄새가 남지 않게 하고 그곳에서 고양이에게 간식을 주거나 놀아 주어 배뇨하는 장소로 적합하지 않다고 인식하게 한다면 행동 변화에 도움이 됩니다.

❗ 혹시 고양이 오줌의 양이나 색깔, 싸는 빈도가 달라지지는 않았나요?

고양이의 화장실 실수를 발견했다면 앞서 말한 것처럼 건강에 문제가 있는지 확인하는 것이 우선입니다. 요로기계 질환으로 인해 배뇨 중 통증을 느끼거나 너무 자주 오줌이 마려워서 혹은 배뇨 자체가 힘들어서 배뇨 실수를 할 수 있습니다. 또한 관절염과 같은 근골격계 질환으로 인해 움직임이 불편하거나, 배뇨량과 빈도에 영향을 주는 내과적 질환이 있을 때도 배뇨 실수를 합니다. 따라서 건강상 문제라고 의심되는 경우에는 동물병원에서 이러한 질환들을 감별하기 위한 검사를 받아야 합니다. 고양이 건강이 배뇨 실수의 원인이었다면 질환에 대한 치료가 진행됨에 따라 고양이의 이러한 배뇨 실수도 자연스럽게 사라집니다.

❗ 고양이 화장실 청소는 자주 해 주고 계신가요?

고양이들은 깨끗한 것을 좋아해서 냄새나고 더러운 화장실은 들어가기 싫어합니다. 화장실의 배설물은 매일 치워 주시고 가급적 일주일에 한 번은 뜨거운 물로 화장실을 세척해 주면 좋습니다. 이때 약간의 세제를 사용하여 헹굴 수는 있지만 너무 강한 향기나 화학적 냄새가 나는 세제는 헹구어도 냄새가 남아 있어 고양이가 싫어할 수 있으므로 자제해 주세요. 또한 규칙적인 시간대에 화장실 청소를 해준다면 고양이의 배변, 배뇨량을 체크하기 수월하여 변화를 감지하는 데에 도움이 됩니다.

>>> Summary

- 고양이의 배뇨 실수는 건강상의 문제가 있을 때도 나타날 수 있으니, 건강검진을 통해 먼저 확인해야 합니다.
- 배뇨 실수가 행동학적 이유 때문이라고 판단된다면, 고양이가 화장실의 어떤 부분을 싫어하는지 또 어떤 형태와 위치를 좋아하는지 살펴본 뒤 그에 맞게 화장실을 다시 마련해 주어야 합니다.
- 화장실을 새로 마련해 줄 때는 천천히, 조금씩 바꿔주어야 합니다. 고양이를 무작정 혼내지 마세요. 혼내기만 한다면 고양이는 왜 혼나는지 모르고 집사를 피하게 됩니다.

기운이 없고 밥을 잘 안 먹고 소변을 많이 봐요

: 만성 신장 질환

 집사가 묻는다

:•: 만성 신장 질환의 증상은 어떤 것이 있나요?

만성 신장 질환CKD : Chronic Kidney Disease은 신장이 정상적인 기능을 점점 잃어가는 진행성 질병입니다. 신장은 몸에서 만들어진 노폐물을 배설하고 전해질과 산/염기의 균형을 조절하는 중요한 장기이기 때문에 신장 기능에 이상이 있으면 건강에 심각한 문제가 생깁니다. 만성 신장 질환이 있는 고양이들은 신장이 제 기능을 하지 못해서 몸 밖으로 배출되어야 할 노폐물이 체내에 쌓이게 되어 아프게 됩니다. 주로 기운이 없고, 식욕이 떨어지고, 체중이 감소하는 것이 만성 신장 질환에서 나타나는 증상입니다. 또한 신장의 기능이 떨어지면 뇨를 농축시키지 못해 오줌의 양이 많아지는데, 오줌으로 체내의 물이 많이 빠져나가면 이를 보충하기 위해 음수량도 증가합니다. 즉, 오줌을 많이 싸고 물을 많이 마시게 됩니다. 만약 고양이가 이런 증상을 보이면 동물병원에 방문하여 만성 신장 질환 여부를 검사해야 합니다.

🐾 만성 신장 질환은 어떤 검사를 통해 진단이 이루어지나요?

만성 신장 질환이 의심되는 경우, 동물병원에서는 다양한 검사를 통해 신장 기능을 평가합니다. 우선 혈청화학검사에서 신장 기능과 관련된 BUN(282p '고양이 혈액검사지 BASIC' 참고)과 크레아티닌, 인, 칼슘 수치 등을 평가합니다. 또한 전해질 불균형을 확인하기 위해 전해질 수치도 확인할 수 있습니다. SDMA 수치는 신장 질환을 조금 더 조기에 평가할 수 있습니다. 요검사를 통해 오줌이 농축되지 않아 묽게 나오지는 않는지, 오줌으로 단백질이 빠져나오지 않는지 확인합니다. 그 외 엑스레이나 초음파 검사를 통해 신장의 크기와 모양이 정상적인지 평가하게 됩니다. 이런 여러 가지 검사 결과들을 종합하여 만성 신장 질환에 대한 진단이 이루어지고 단계(IRIS stage 1, 2, 3, 4기)를 평가하게 됩니다.

🐾 고양이가 만성 신장 질환 진단을 받았어요. 어떻게 관리를 해 주어야 하나요?

고양이의 상태에 따라 동물병원 입원이 필요한 경우도 있습니다. 하지만 초기 단계인 대부분의 고양이들은 입원보다는 집에서 관리하게 됩니다.

약물

처방받은 약이 있다면 수의사의 지시에 따라 약을 꼬박꼬박 챙겨서 복용시켜야 합니다.

충분한 수분 섭취

만성 신장 질환 고양이를 돌볼 때 무엇보다 중요한 것은 충분한 수분을 섭취할 수 있게 해 주는 것입니다. 물그릇을 고양이가 잘 다니는 곳에 여러 개 놓아두거나 흐르는 물을 좋아하는 고양이의 특성을 고려해서 고양이 정수기를 사용하면 도움이 됩니다. 물을 마시는 것만으로는 개선되기 어려운 상태라면 수액 처치가 필요할 수도 있습니다.

식이조절

수의사와 상담을 통해 신장 질환에 도움이 되는 처방식 사료를 급여할 수도 있습니다. 만성 신장 질환을 앓는 고양이를 위한 사료는 단백질과 인, 나트륨 함량이 제한되어 있고 수용성 비타민과 식이섬유, 항산화제의 함량이 높습니다. 만성 신장 질환 고양이에게 이러한 사료를 급여하면 일반 사료를 급여하는 것보다 더 오래 살고 더 나은 삶의 질을 유지할 수 있다는 것이 증명되어 있습니다.

만성 신장 질환으로 식이조절을 하는 고양이는 닭가슴살 같은 간식은 가급적 주지 않거나 극히 소량으로 제한하면 좋습니다.

정기 검진

만성 신장 질환으로 진단을 받은 고양이라면 동물병원에 정기적으로 가서 상태를 확인해야 합니다. 동물병원에서 검사를 통해 만성 신장 질환의 진행 상태뿐만 아니라 추가로 발생할 수 있는 문제인 고혈압, 단백뇨, 빈혈 여부를 확인할 수 있기 때문입니다.

😺 만성 신장 질환의 예후는 어떤가요?

안타깝게도 만성 신장 질환은 완전한 치료가 불가능한 질병입니다. 만성 신장 질환일 때 치료하는 목적은 최대한 질병의 진행을 늦추어 삶의 질을 유지하는 것입니다. 치료에 대한 반응은 진단 당시의 상태에 따라, 고양이마다 차이가 있어서 예후는 상당히 다양하게 나타나는 편입니다. 초기에 발견하여 잘 관리한 경우에는 더이상 나빠지지 않고 상태가 유지되기도 하지만 이미 심각한 상태이거나 관리가 제대로 이뤄지지 않으면 급격히 나빠지기도 합니다. 비록 완치가 불가능하지만 고양이가 남은 삶을 가능한 한 편안하게 살 수 있도록 수의사와의 상담을 통해 지속해서 관리하는 것이 중요합니다.

❗ 건강검진은 주기적으로 하고 계시나요?

만성 신장 질환의 초기 단계인 고양이들은 뚜렷한 증상이 나타나지 않는 경우도 많습니다. 정기적인 건강검진을 하면 만성 신장 질환을 조기에 발견할 가능성을 높여줍니다. 특히 아홉 살 이상의 노령 고양이나 다낭성 심장병, 아밀로이드증 같은 유전성 신장 질환이 많이 발생하는 페르시안, 아비시니안, 샴과 같은 몇몇 품종, 신장 결석이나 요관 결석, 신우신염, 전염성 복막염FIP : Feline Infectious Peritonitis이 있는 고양이에서는 신장 손상 확률이 더 높기 때문에 만성 신장 질환에 대한 주기적인 검사가 중요합니다.

>>> Summary

• 만성 신장 질환인 고양이는 충분한 수분섭취와 식이조절이 필요합니다.
• 만성 신장 질환은 완치가 불가능하지만 관리를 통해 생존 기간과 삶의 질을 높일 수 있습니다.
• 정기적인 검사를 통해 만성 신장 질환을 조기에 발견하는 것이 중요합니다.

Chapter 8

생식기

중성화 수술을 해야 할까요?

 집사가 묻는다

🐾 중성화도 수술인데, 위험하지 않나요?

수술 전 혈액 및 영상 검사를 통해 고양이가 얼마나 마취 위험도가 있는 지 판단합니다. 보통 마취 전 검사에서 이상이 없고, 질병이 없는 건강하다 면 마취에 대한 위험은 0.005~0.01퍼센트 정도로 크지 않습니다. 특히 수 컷은 암컷보다 수술 시간이 비교적 짧고 수술이 간단해 위험도가 낮은 편 입니다. 암컷은 상대적으로 수컷보다 수술 시간이 길지만, 고양이가 건강하 다면 이 역시 위험도는 높지 않습니다. 하지만 마취가 불가피한 만큼, 마취 와 관련된 위험이 있다는 것을 충분히 알고 있어야 합니다. 드물지만 고양이에게 예상치 못한 마취 약물 부작용이 있을 수 있고, 마취 전 검사에서 건강에 이상이 확인된 경우 마취위험도가 증가하기 때문입니다. 이러한 마취 위험도는 나이가 들면 더 높아지기 때문에 고양이에게 중성화 수술을 해준다면 일반적으로 6~10개월령 사이일 때 진행하면 안전합니다. 고양이가 2~4개월령 정도로 어린 경우는 백신이 완료되지 않았을 수 있어 마취위험도가 오히려 증가할 수 있습니다.

중성화 수술을 꼭 해야 하나요?

고양이와 함께 하려면 중성화를 당연한 과정으로 생각하는 집사도 있지만, 꼭 해야 하는 수술인지 고민하는 분들도 있습니다. 아마 중성화 수술의 필요성에 대해 쉽게 와닿지 않아서일 것입니다. 집사로서 중성화 수술을 통해 고양이가 어떤 것을 얻고 잃는지 분명히 알고 있다면 수술 여부를 결정하는 데 도움이 됩니다.

중성화 장점- 행동 교정

스프레이(화장실이 아닌 곳에 소변을 뿌리는 행동), 공격성, 하울링(울부짖는 것), 탈출 시도 등은 번식과 관련이 있어, 중성화 수술을 통해 고양이의 이런 행동들을 예방할 수 있고 발정기와 관련된 스트레스도 함께 줄여줄 수 있습니다. 단, 이런 행동을 이미 보이는 고양이들은 중성화하고 나서 행동이 바로 없어지지는 않고, 점차 줄어드는 것이 일반적입니다. 또한, 사람과 집에서 함께 사는 고양이들은 교미를 하지 못해 성욕이 해소되지 않아서 오는 스트레스가 있습니다. 중성화 수술을 한다면 고양이를 이러한 스트레스에서 자유롭게 해 줄 수 있습니다.

중성화 장점- 질병 예방

암컷은 자궁축농증 및 유선과 난소 질환을, 수컷은 나이가 들면서 생기는 고환 질환을 중성화 수술을 통해 예방할 수 있습니다. 특히 암컷 고양이에게 첫 발정이 오기 전에 중성화 수술을 해 줄 경우 유선종양이 생길 확률은 91퍼센트까지 감소합니다. 고양이에게 유선종양은 약 85퍼센트가 악성이기 때문에, 미리 예방하는 것이 더욱 중요합니다. 또한 자궁축농증은 전신 염증을 유발하여 사망까지 이르게 하는 매우 위험한 질환이기 때문에, 중성화 수술을 통해 이 질환을 예방하면 안전합니다. 이외에도 수컷 고양이가 잠복고환(고환이 음낭이 아닌 복강 안에 있는 상태)이라면 꼭 중성화를 해 주어야 합니다. 복강 안에 있는 고환이 꼬이게 되면서 혈류 공급이 차단되어 고환이 썩을 수 있고, 무엇보다 가장 중요한 이유는 이러한 잠복고환은 고환암으로 발전할 가능성이 정상 고양이보다 약 14배가량 높기 때문입니다.

중성화 단점- 호르몬 변화

반면 고양이가 중성화 수술을 통해 잃는 것은 번식력입니다. 교배를 통해 새끼를 보고 싶다면 중성화 수술을 미루거나 하지 않아야겠죠. 한편 중성화 수술 후 살이 찔 수도 있습니다. 중성화 수술을 하고 나면 성호르몬의 분비가 줄면서 에너지 소비량이 감소하게 될 뿐만 아니라 식욕이 증가하기 때문입니다. 실제로 수컷 고양이를 대상으로 조사한 결과 중성화 후에 고양이가 먹는 양이 50퍼센트 증가했고, 체중은 약 30퍼센트 증가했다고 합니다.

고양이의 삶을 위해 집사로서 어떤 결정을 내리는 것이 좋은지, 수의사와 상담한 후 현명한 선택을 하시길 바랍니다.

◦ ˙ 중성화 수술을 한다면 어느 시기가 가장 좋은가요?

중성화 수술은 고양이의 첫 발정이 오기 전에 해야 행동 교정 및 질병 예방 목적을 제대로 이룰 수 있습니다. 암컷 고양이의 성 성숙은 4~21개월 사이, 수컷은 8~10개월 사이에 시작되며, 일반적으로 6~10개월령 사이에 중성화 수술을 하는 것을 권장합니다. 단, 백신 접종 및 항체가 검사가 끝나고 고양이의 상태가 건강하다는 것을 확인한 후에 수술을 합니다.

수의사가 묻는다

❗ 중성화 수술 전, 후 관리는 해 주고 있나요?

관리는 간단합니다. 수술 전에는 마취 전 검사가 원활히 진행될 수 있도록 열두 시간 금식이 이루어져야 합니다. 수술 후에는 고양이가 스트레스를 받지 않도록 조용한 환경을 만들어 주시고, 고양이의 심기를 건드리지 말아 주세요. 하지만 고양이가 싫어하더라도 수술 부위를 핥지 못하도록 넥칼라는 꼭 착용시켜 주셔야 합니다. 그리고 수술 후에 수고했다고 밥을 많이 주기 시작한다면 쉽게 돼냥이로 둔갑하게 될 것입니다. 특히나 중성화 수술 후에는 앞서 말한 이유로 인해 체중이 증가할 가능성이 큽니다. 따라서 고양이의 체중 관리를 위해서는 집사의 철저한 고양이 식이 관리가 매우 중요합니다. 기존 사료를 중성화용 사료로 바꾸는 방법이 있습니다. 기존 사료를 그대로 먹일 경우, 중성화 수술을 하면 이전보다 칼로리 소모를 약 10~30퍼센트 정도 덜하기 때문에 이전에 먹던 양의 권장 칼로리보다 10~30퍼센트 적게 주면 좋습니다. 중성화 사료로 바꾸든, 기존 사료의 양을 줄여서 주든 2주에 한 번씩 고양이의 몸무게를 측정하여 체중이 잘 유지되고 있는지 확인해야 합니다.

>>> Summary

- 중성화 수술은 행동 교정 및 질병 예방이 주된 목적입니다. 가장 적합한 시기는 번식 행동을 보이기 전, 첫 발정이 오기 전이며 일반적으로 6~10개월령 사이의 시기를 권장합니다.
- 수술 후에는 이전보다 에너지 소비량이 감소하고 식욕이 증가하여 체중이 늘어날 수 있습니다. 중성화용 사료로 바꾸거나 사료의 양을 조절하여 고양이의 체중 관리에 힘써야 합니다.

발정기가 왔나 봐요

집사가 묻는다

고양이는 언제 발정이 시작되나요?

암컷

보통 5~9개월 사이에 첫 발정주기가 시작되지만 품종이나 계절, 고양이의 몸 상태 등 여러 가지 요인에 따라 달라질 수 있습니다. 일반적으로 단모종이 장모종에 비해 성성숙이 빠른 편이고, 페르시안 고양이는 성성숙이 좀 더 늦는 경향이 있어서 18개월 혹은 그 이상이 될 때까지 첫 발정이 시작되지 않을 수도 있습니다.

수컷

고양이마다 약간의 차이가 있지만 암컷 고양이와 마찬가지로 약 5~7개월 사이에 발정이 시작됩니다.

발정기에는 어떤 행동을 보이나요?

암컷

수컷을 찾기 위해 마치 아기가 우는 것처럼 들리는 소리를 크게 내는 행동이 가장 유명한 '콜링'입니다. 이외에도 생식기를 드러내며 엉덩이를 보이거나, 이곳저곳에 몸을 비비며 체취를 남기기도 합니다. 또 발정기 스트레스로 식욕이 감퇴해서 몸무게가 빠지거나 심하면 짝을 찾아 가출하기도 합니다.

수컷

발정기 암컷의 성호르몬을 감지한 수컷은 냄새가 나는 소량의 소변을 이곳저곳에 뿌리는 '스프레이'를 시작합니다. 다른 수컷에게는 내 영역이라는 경고이면서 암컷에게는 자신을 찾아달라는 메시지이기도 하죠. 암컷과 마찬가지로 스트레스를 받아 예민해지거나 가출하는 경우도 있습니다.

고양이 발정기는 얼마나 자주 찾아오나요?

암컷

6개월에 한 번 정도 발정하는 강아지와 달리 고양이는 1년에도 여러 번 발정기가 찾아옵니다. 구체적으로는 이른 봄부터 가을까지 발정기가 지속되는데요, 낮의 길이가 길어지며 증가하는 일조량에 따라 호르몬 분비가 조절되는 계절 발정 동물이기 때문입니다. 그러나 집사와 함께 온종일 실내에서 생활하는 집고양이는 거의 1년 내내 발정을 하기도 합니다.

수컷

대부분의 포유류 수컷과 같이 발정기가 따로 정해져 있지는 않습니다. 평소에도 번식이 가능한 상태로 지내며 발정기 암컷이 근처에 있으면 번식 욕구가 매우 증가하며 발정하는 모습을 보입니다.

🐾 고양이의 발정기는 강아지와 많이 다른가요?

지속적인 발정주기

임신하지 않은 고양이의 발정주기는 '발정전기→발정기→발정휴지기→무발정기'를 거칩니다. 그러나 낮이 길어지는 봄에서 가을까지는 무발정기를 건너뛰고 다시 발정전기를 시작하게 됩니다. 정리하자면 날이 춥지 않은 계절에는 한 달에 열흘 정도씩 발정기 증상을 보이는 것이죠.

교미배란

일반 포유류 동물은 암컷의 배란 시기에 맞춰 짝짓기해야 임신이 이루어지는데요, 고양이는 예외입니다. 수컷 고양이와 짝짓기를 하며 자극을 받아야 1~2일 후에 배란하고 수정이 시작됩니다. 난자가 무조건 배란되는 일반적인 생리와 다르기에 발정기에 피가 아닌 투명하고 점도 있는 액체를 흘리는 것도 특이한 점입니다.

수의사가 묻는다

❗ 아직 중성화 수술을 하지 않으셨나요?

중성화 수술에 반대하는 집사님들도 있지만, 새끼를 낳을 계획이 없다면 고양이와 집사 모두에게 도움이 되는 결정이랍니다. 고양이는 욕구를 충족하지 못해서 받는 스트레스를 해소할 수 있으며, 고양이에서 대부분 악성인 유선종양이나 응급 질환인 자궁축농증과 같은 생식기 질병도 예방할 수 있습니다. 집사도 더 이상 발정기 때마다 스트레스를 받는 일이 없어지게 되지요.

❗ 중성화 수술을 안 할 예정인가요?

중성화 수술을 하지 않는 경우 발정기에 고양이가 이성을 찾아 가출하지 못하도록 특히 조심해야 하는데요. 창문에 고양이가 나가지 못할 간격으로 구조물(방묘창)을 설치하고 문은 꼭 닫고 다녀야 합니다. 창문과 문을 자주 열어두는 여름철에 특히 주의해야겠죠?
고양이가 발정기 증상을 심하게 보인다면 평소에 좋아하던 놀이를 더 자

주 해 주며 스트레스를 풀어 주면 좋습니다. 또한 고양이에게 진정작용이
있는 캣닢도 스트레스 완화에 도움이 될 수 있습니다.

>>> Summary

- 고양이는 보통 5~9개월에 첫 발정을 시작하며, 암컷 고양이는 한 달마다 발정이
  찾아올 수 있고 수컷은 항상 교미할 준비가 되어 있습니다.
- 발정 주기, 교미배란 등 고양이의 발정기는 강아지와 다른 특징을 보입니다.
- 발정기에 암컷과 수컷이 보이는 증상은 고양이와 집사 모두에게 스트레스를 줄
  수 있습니다.
- 중성화 수술을 통해 발정기 증상을 해결할 수 있습니다.

고양이가 임신한 것 같아요

집사가 묻는다

 고양이의 임신 여부를 어떻게 확인할 수 있나요?

사람과 달리 고양이는 간단히 확인할 수 있는 임신진단키트가 없습니다. 고양이가 교미 후 발정이 오지 않는 것이 가장 명확한 임신의 증거입니다. 또 다른 신체 변화는 젖꼭지의 변화가 있는데, 임신한 고양이에서는 배란 후 15~18일 정도부터 젖꼭지 주변의 털이 빠지면서 점점 더 커지고 분홍색으로 변화하는 것을 확인할 수 있습니다.

동물병원에 가면 좀 더 확실하게 임신 여부를 확인할 수 있습니다. 교배 후 약 2~3주부터 손가락으로 부드럽게 만져서 뱃속의 태아를 확인할 수 있고 임신 36~45일 사이에는 태아의 뼈가 형성되기 시작하면서 엑스레이 검사를 통해 임신을 확인할 수 있습니다. 이때 대략 몇 마리의 새끼를 임신했는지도 확인할 수 있습니다. 초음파 검사로는 임신 11~14일부터 아기집을 확인할 수 있어서 좀 더 빠르게 임신 진단이 가능하며, 태아의 심장박동과 움직임을 확인할 수 있어서 태아의 상태를 확인할 수 있습니다.

고양이가 새끼를 언제쯤 낳을지 알 수 있나요?

고양이의 평균 임신 기간은 65~67일이지만 품종이나 태아의 크기에 따라 더 짧거나 길어지기도 합니다. 여러 번 새끼를 낳은 고양이라면 이전 임신 기간을 고려해서 분만예정일을 비교적 정확하게 예상할 수 있습니다. 하지만 교배한 날짜를 정확히 알 수 없을 때는 엑스레이나 초음파 검사로 머리나 몸의 지름을 측정하여 분만 날짜를 대략 예상할 수 있습니다.

고양이를 교배시켜 새끼를 보려고 하는데, 무엇을 준비해야 하나요?

우선 고양이가 임신하기에 적절한 상태인지 확인해야 합니다. 암컷 고양이의 경우 나이가 너무 어리거나 많으면 임신이 잘 되지 않거나 자연유산의 가능성이 있고, 어미가 새끼를 잘 돌보지 않을 수 있기 때문입니다. 1년 6개월 미만 혹은 8세 이상의 고양이라면 새끼를 낳는 것이 무리일 수 있습니다.

새끼를 낳으려는 암컷 및 수컷 고양이는 건강해야 하며 백신이 완료되어 있어야 합니다. 또한 상부 호흡기계 감염, 설사, 피부병 같은 문제들이 없어야 하고 내부 및 외부 기생충도 없어야 합니다. 추가로 다낭성 신장질환, 고관절 이형성, 비대심근병증과 같은 유전병에 대한 문제가 없어야 하는데, 이런 질병은 특정 품종의 고양이에서 더 잘 발생하는 경향이 있기 때문에 수의사와 상담을 통해 미리 알아보실 것을 추천합니다. 혈액형 검사를 통해 고양이 혈액형을 미리 확인해 두면 엄마 고양이가 B형 혈액형일 때 발생할 수 있는 신생아 적혈구 용혈증에 대한 대비를 할 수 있습니다.

🐾 임신한 고양이를 어떻게 돌보면 되나요?

임신한 고양이는 영양 요구량이 늘어나기 때문에 충분한 영양을 섭취하게 해 주셔야 합니다. 사료가 부족하지 않게 늘 신경 써 주시고 일반 사료보다는 성장기 고양이를 위한 사료나 임신·수유 중인 고양이를 위해 만들어진 영양가 높은 사료가 더 좋습니다.

임신 기간에 어미 고양이는 새로운 고양이나 아픈 고양이와 접촉하지 않도록 해야 합니다. 활동을 제한할 필요까지는 없지만 출산하기 2주 전에는 다른 고양이들과 분리된 안전하고 조용한 분만 장소를 준비해 주세요. 출산 박스에는 타올이나 담요 혹은 패드를 깔아 주시면 좋습니다.

! 고양이의 상상임신에 대해 알고 계시나요?

사람의 상상임신처럼 고양이도 임신이 되지 않았는데 임신과 유사한 증상을 보이는 상상임신이 있습니다. 상상임신은 발정기 이후에 프로게스테론이라는 임신 유지 호르몬이 감소하면서 유즙 분비 호르몬인 프로락틴의 분비가 증가하여 나타납니다. 유즙이 분비되고 임신한 듯한 행동을 보이는데 일반적으로는 2~4주 정도 지나면 자연스럽게 사라집니다. 하지만 반복적으로 상상임신이 나타나는 경우에는 호르몬 변화와 관련하여 유방염 같은 질병이 생길 수 있기 때문에 중성화 수술을 하는 것이 좋습니다. 실제 임신과 상상 임신을 확실하게 구별하는 것은 동물병원에서 초음파 검사를 통해 가능하지만, 집에서는 체중 변화 여부를 통해 확인할 수 있습니다. 실제 임신의 경우에는 체중이 증가하지만 상상 임신에서는 체중 변화가 적기 때문에 체중 변화 여부를 통해 구별할 수 있습니다.

>>> Summary

- 고양이 임신 여부는 약 2주부터 초음파 검사를 통해 가능하며 약 6주부터는 엑스레이 검사로 새끼가 몇 마리인지 확인할 수 있습니다.
- 건강한 새끼를 낳기 위해서는 부모 고양이의 건강 상태 확인이 필수이며 추가로 유전병과 혈액형 검사도 필요할 수 있습니다.
- 임신한 고양이에게는 충분한 영양을 공급하고 안전한 출산 장소를 제공해야 합니다.

새끼가 안 나와요

집사가 묻는다

예정일보다 5일이 지났는데도 전혀 소식이 없어요. 괜찮은 걸까요?

분만 예정일은 교배후로부터 평균 65~67일 뒤로, 이로부터 1주일을 넘었을 때부터 난산으로 봅니다. 그때는 동물병원에서 초음파나 엑스레이로 아기 고양이들이 잘 있는지, 산모가 출산할 힘이 충분히 있는지 살펴야 합니다.

🐾 생식기에서 뭔가 막 같은 것이 보인 지 30분 정도 되었는데 아무런 소식이 없어요, 어떡하죠?

생식기에서 막이 보이기 시작한 시점으로부터 15분 이상 다음 단계로 진행되고 있지 않다면, 난산으로 평가할 수 있습니다. 그때는 바로 동물병원으로 오셔서, 난산에 대한 처치를 받아야 해요. 어미와 새끼 모두 위험할 수 있습니다.

🐾 혹시 그 외 어떤 경우에 난산으로 판정될 수 있을까요?

아래의 경우 응급 상황일 수 있으므로 즉시 동물병원을 찾아야 합니다.

- 어미가 계속 울면서 생식기 주변을 핥거나 문다.
- 열이 있는 것 같다거나 생식기에서 많은 양의 혈액이 나온다.
- 악취를 풍기는 녹색의 액체가 보인다.
- 앞선 새끼가 나오고 다음 새끼까지 세 시간 안에 안 나온다.
- 어미가 강하게 힘을 주는 데도 한 시간 이상 안 나온다.
- 양수가 터지고 여섯 시간 내로 안 나온다.

🐾 난산이면 무조건 수술해야 하나요?

그렇지는 않습니다. 수술해야 하는 경우도 있지만 약이나 보조방법으로 난산에 대한 처치가 가능합니다.

하지만 어미가 힘이 없는 경우, 지나치게 비만인 경우, 자궁에 문제가 있는 경우, 산도의 크기에 비해 지나치게 아기 고양이가 큰 경우 제왕절개를 해야 합니다.

수의사가 묻는다

❗ 아기 고양이를 받기 위한 준비가 되어 있으신가요?

깨끗한 환경에서 아기 고양이를 받기 위해서는 여러 가지 준비가 필요한데, 기본적으로 깨끗한 멸균 거즈와 수건, 따뜻한 물과 가위가 필요합니다. 일반적으로 어미가 탯줄을 직접 끊지만 어미 힘이 부족한 경우 가위를 사용하셔야 하는데, 그 경우 가위를 불에 소독하고 잘라주는 것이 태아를 위해서도 어미를 위해서도 좋습니다.

아기 고양이가 나온 후에는 어미가 핥도록 하거나, 코에 있는 물기를 털어주는 느낌으로 흔들어줍니다. 아기 고양이의 체온 유지와 숨 쉬는 것을 돕기 위해 털을 수건으로 부드럽게 문질러 주면 좋습니다. 그러나 숨을 쉬지 않는 응급한 경우에는 새끼 고양이를 살리는 것이 쉽지 않습니다. 만약을 위해 새끼의 인중에 손톱으로 강한 자극을 주는 방법이나 반려동물 심장마사지 방법을 유튜브를 통하여 미리 익혀두는 것도 도움이 됩니다. 주로 새벽에 새끼를 낳는 경우가 많으므로, 응급 시에 갈 수 있는 동물병원 연락처를 알아두고, 새끼 고양이의 수를 엑스레이로 미리 확인해 두어야 합니다.

❗ 고양이 품종이 무엇인가요?

샴고양이는 임신의 10퍼센트, 페르시안은 7.1퍼센트, 데본렉스는 18.2퍼센트가 품종 소인으로 난산합니다.

>>> Summary

• 분만 예정일이 1주일 넘었을 때, 힘을 주었는데도 한 시간 이상 안 나올 때, 생식기에 막이 보이는 데 15분 이상 반응이 없을 때, 다음 새끼 고양이가 나오기까지 세 시간 이상 반응이 없을 때 모두 난산입니다.
• 난산에 대한 처치는 약물 처치, 비수술 보조적 처치, 제왕절개 등이 있습니다.
• 아기 고양이를 직접 받기 위해서는 집에서 기본적으로 멸균 가위와 수건, 응급 상황을 대비한 지식 등을 준비합니다.

생식기 주위에 분비물이 묻어 있어요

집사가 묻는다

 분비물은 왜 나오나요?

분비물은 외상, 감염, 비뇨기계 감염, 출산 후 자궁 문제, 태아 사망 등의 원인으로 발생할 수 있고, 가장 주요한 원인은 자궁축농증입니다. 고양이 자궁에는 500밀리리터까지 액체가 찰 수 있어요. 자궁축농증은 말 그대로 자궁에 농이 차는 질병으로, 심한 전신 염증으로 이어지기 때문에, 제때 치료받지 못하면 고양이가 사망에 이를 수 있는 굉장히 위험한 질병입니다.

중년 이상의 암컷 고양이에서 생식기 주위 삼출물은 꽤 흔한 증상이며, 나이가 들수록 발생 확률이 올라갑니다. 따라서 중성화 수술을 하지 않은 암컷 고양이를 키운다면 더욱 신경을 써 주셔야 합니다. 초반에는 분비물을 제외하고는 별다른 증상이 없다가 갑작스럽게 악화될 수도 있기 때문에 분비물을 발견했을 때에는 최대한 신속하게 동물병원에 가야 합니다.

자궁축농증일 때 어떤 증상을 보이나요?

자궁축농증은 심각한 질병임에 비해 초반에는 별다른 증상이 없을 수 있습니다. 며칠 괜찮다가 갑자기 악화되는 것처럼 보이는 경우가 많아요. 심지어 외음부로 농이 나오지 않는 자궁축농증도 있는데, 더더욱 위험한 유형입니다. 농이 바깥으로 나오지 못하고 자궁에 쌓이다가 터지면 세균이 복강으로 퍼져서 생명을 위협하기 때문이죠. 아래의 증상이 있다면 자궁축농증을 의심해 볼 수 있어요. 여기에는 고양이들이 아플 때 일반적으로 나타나는 증상도 있습니다. 그만큼 특징적인 증상 없이도 자궁축농증일 수 있기 때문에 주의가 필요합니다.

- 기운이 없어요.
- 밥을 잘 안 먹어요.
- 물을 많이 마셔요.
- 열이 나요.
- 배가 처져 있어요.
- 분비물이 나와요.
- 분비물에서 냄새가 나요.

❗ 분비물의 양상은 어떤가요?

분비물의 색깔, 탁도를 중점적으로 관찰해 주세요. 확인 시 사진으로 기록해 주시면 도움이 됩니다. 주로 나오는 삼출물의 양상은 점액성, 농성, 혈액성으로 구분할 수 있습니다. 적은 양의 점액성 물질은 괜찮지만, 농성 또는 혈액성 분비물이라면 동물병원에서 진료를 받아야 합니다. 특히나 중성화하지 않은 암컷 고양이에서 농성 분비물이 확인되면 반드시 동물병원에 가서 자궁축농증은 아닌지 진료받아야 합니다. 치료와 재발 방지를 위해서 중성화 수술이 필요할 수 있습니다. 물론 상태에 따라 수술 중에 사망할 위험도 있으며 상태가 안 좋으면 수술 자체가 불가능할 수도 때문에, 증상 확인 시 신속하게 동물병원에 방문하는 것이 중요합니다.

거듭 강조했듯이 고양이를 빨리 동물병원에 데려가는 것이 생명을 살리는 길입니다. 우선 고양이의 배 쪽을 만지거나 안을 때에는 조심해야 합니다. 또한 탈수 상태에 빠지지 않도록 충분한 물을 마실 수 있게 해 주세요. 구토가 없다면 좋아하는 음식은 먹으려고 할 수 있으니 고양이가 좋아하는 음식을 줍니다. 하지만 구토를 하는데 강제로 무리해서 먹일 경우 기도 쪽으로 넘어가 폐렴으로 번질 수 있으므로 주의해야 합니다.

>>> Summary

- 중성화 수술을 하지 않은 암컷에서 생식기 주위로 농성 분비물이 나온다면 자궁 축농증 가능성이 높으므로 최대한 신속하게 동물병원에 데려가야 합니다.
- 외부로 농이 나오지 않는 자궁축농증도 있으므로, 고양이의 상태가 평소와 다르다면 더 주의를 기울여야 합니다.
- 자궁축농증은 생명을 위협하는 질병으로 신속한 치료가 필요합니다.

Chapter 9

피부

가려워해요

집사가 묻는다

🐾 고양이가 너무 가려워하는 것 같아요. 이유가 뭘까요?

우리나라에서 가장 흔한 원인은 식이알러지와 아토피가 있습니다. 식이알러지와 아토피는 대개 어린 나이부터 그 증상을 보이기 시작하고, 가려움이 갑작스럽게 나타나기보다 만성적으로 보입니다.

외출냥이나 산책냥이라면 벼룩이나 진드기 등의 외부기생충 감염도 고려해 볼 수 있습니다. 보통 이 경우는 갑작스럽게 악화되며, 나이와 상관없이 증상이 나타납니다.

강아지의 경우 앞의 항목들로 대부분의 경우를 설명할 수 있지만, 고양이의 경우는 문제가 좀 더 복잡합니다. 588마리의 가려움 증상을 보이는 고양이를 대상으로 한 연구에 따르면 원인의 12퍼센트가 음식알러지, 20퍼센트가 아토피였으며, 15퍼센트 정도는 안타깝게도 그 이유를 알 수 없었습니다. 이렇듯 고양이는 원인을 명확히 알 수 없는 채로 치료를 해야 하는 경우가 많습니다.

🐾 고양이가 가려워할 때 동물병원에서 어떤 검사를 하나요?

우선 감염의 가능성을 생각해 보고 감염여부를 확인하기 위한 검사를 합니다. 고양이는 그루밍을 잘하는 동물이기 때문에 외부기생충이 있다고 해도 한 번에 발견하기 어렵습니다.

감염이 아니라는 것을 확인한 후 식이알러지 혹은 아토피를 의심하게 됩니다. 그러나 아쉽게도 식이알러지에 대한 명확한 검사법이 없습니다. 알러지가 일어나지 않도록 만들어진 처방사료를 통하여 관리하면서 지켜보는 것이 가장 빠르게 진단하는 방법입니다. 하지만 그 효과를 보기 까지는 몇 주 이상이 걸립니다.

만약 사료를 사용하기를 원치 않는다면 더 오래 걸립니다. 우선 고양이가 여태 먹었던 모든 사료와 간식을 모두 조사해야 합니다. 한 번도 먹어본 적 없는 단백질원을 이용하여 요리를 해야 고양이의 상태가 나아지는지를 볼 수 있기 때문입니다.

❗ 얼마나 가려워하는 것 같나요?

　시작된 시기뿐 아니라 집사가 느끼는 정도도 진단에 도움이 됩니다. 너무 심하게 긁거나 그루밍하는 것 같다면 그 모습을 영상으로 남기는 것도 방법이 됩니다. 긁는 부위를 잘 보면 그냥 눈으로 보았을 때는 보이지 않았던 부위를 찾게 될 수도 있습니다. 집사가 미리 집에서 꼼꼼히 체크하고 오시면 진단에 도움을 줄 수 있습니다.

>>> Summary

• 가려움증은 얼마나 오래 지속 되었는지, 얼마나 심한 정도인지에 따라서 진단과 치료 방향이 달라질 수 있습니다. 그렇기 때문에 집사의 자세한 설명이 필요합니다.
• 식이 알러지나 아토피에 의한 가려움증은 진단과 치료 모두 평균 1년 이상의 긴 시간을 요합니다. 수의사와 집사가 함께 팀을 이루어, 참고 오래간 지켜봐야 합니다.

듬성듬성 털이 빠져요

집사가 묻는다

🐾 털이 많이 빠지는데 동물병원에 가야 할까요?

　고양이는 털이 원래 많이 빠집니다. 하지만 살이 보일 정도로 털이 집중적으로 빠져 있다면 질병에 해당하므로 진료를 받아야 합니다. 주의할 점은 고양이 눈위에서 귀에 이르는 범위에 발생한 탈모증은 정상적인 것으로 별다른 치료가 필요하지 않습니다. 데본렉스는 다른 부위에도 정상적으로 털이 안 나는 부위가 있고, 스핑크스는 아시다시피 정상적으로 털이 거의 없습니다.

탈모는 사람에만 있는 것이 아닙니다. 고양이 피부 증상 중에 탈모는 가려움증 다음을 차지할 정도로 흔한 편이에요. 탈모를 유발하는 원인은 다양하며, 여러 요인들이 함께 작용하여 탈모증을 심화시킬 수 있기 때문에, 초기 원인을 잘 파악하고 이에 따른 치료를 받는 것이 좋습니다.

사람과 가장 큰 차이를 꼽는다면, 고양이 탈모는 과도한 몸 핥기와 긁기로 인해 발생하는 경우가 많습니다. 그루밍은 고양이가 스스로의 털을 핥는 행동으로 몸 청결, 체온 관리, 스트레스 해소 등에 도움이 됩니다. 고양이이는 깨어 있는 시간의 30~50퍼센트를 그루밍하는 데 보내는데, 평소보다 심하게 핥는지 고양이의 행동을 세심하게 관찰해 보세요. 특히 탈모 부위를 심하게 핥지는 않나요? 고양이는 아프거나 신경이 쓰이는 부위를 핥는 습성이 있습니다. 탈모가 될 정도로 핥는다면, 해당 부위의 통증이나 가려움증이 상당히 심한 것일 수 있습니다. 예로 들면 방광염에 걸린 고양이는 통증 때문에 아랫배 근처를 많이 핥아서 이 부위에 탈모가 관찰되곤 해요. 피부 때문에 동물병원에 갔는데, 수의사가 전반적인 건강검진을 하고자 한다면, 탈모의 원인으로 질병이 의심될 때입니다. 또는 스트레스나 분리불안 등 불안 증세를 나타내는 행동 질환으로 인해 강박적으로 핥는 행동을 보여 탈모증이 발생합니다.

그 밖에 탈모의 주범으로는 진드기, 곰팡이, 벼룩, 세균 감염 등의 감염체들이 있습니다. 감염체들은 처음에는 혼자 공격할 때가 많지만 지나면서 함께 공격을 하니 빨리 발견하여 치료해 주는 것이 중요합니다. 자가면역 질환, 내분비 질환, 음식알러지, 아토피 등도 탈모증을 일으키는 질병입니다. 건강한 피부를 자랑하다가 나이가 들어서 갑자기 탈모증이 발생했다면 종양의 가능성도 무시할 수 없습니다. 노령묘를 모시고 있다면 작은 신호도 놓치지 말고 동물병원에 가서 확인을 받아야 건강을 지킬 수 있습니다.

🐾 집사가 할 수 있는 것은 무엇이 있나요?

동물병원에 가기 전에 무언가 해 주고 싶은 마음이 있다면 진료 이후로 잠시 미뤄 두세요. 건조해 보인다고 로션이나 크림을 바르거나, 지저분해 보인다고 동물병원 가기 전날 씻기면 오히려 수의사가 탈모의 원인을 찾기 어려워질 수 있습니다. 증거가 사라진 사건 현장에서 범인을 잡아야 하는 격이랄까요.

진단을 받은 이후에도 집사 임의로 제품을 선택해서 고양이한테 바르는 것은 좋지 않습니다. 빨리 고양이를 낫게 해 주고 싶은 마음에 다른 제품을 추가로 바르면, 과유불급으로 오히려 독성이나 부작용이 발생할 수 있습니다. 수의사와의 상담을 토대로 정해진 방법에 따라서 제품을 사용해야 합니다.

과도한 핥기가 탈모의 원인이라면 넥칼라를 씌워 주는 것이 탈모가 개선되는데 도움이 됩니다.

❗ 탈모가 발생한 위치는 어떻게 되나요?

일률적으로 적용되는 것은 아니지만 처음에 생긴 위치는 질병을 진단하는데 도움이 되는 정보를 주곤 합니다. 고양이가 핥아서 탈모가 생겼다면, 핥을 수 있는 위치에만 특징적으로 탈모가 관찰됩니다. 얼굴이나 목 뒤 부위는 고양이가 핥을 수 없으니 탈모가 없겠죠. 알러지의 경우 발 부위부터 발생할 수 있으며, 호르몬 질환에 의한 탈모는 대칭적으로 생길 때가 많습니다. 처음에는 한 가지 원인으로 탈모증이 생겼더라도, 시간이 지나면 다른 감염체들이 관여하면서 탈모증을 심화시킬 수 있습니다. 때문에 발견하자마자 동물병원에 방문하여 탈모를 처음 유발한 원인을 찾는 것이 중요합니다. 탈모 부위의 사진을 찍어두고 크기 등의 양상을 기록해 두면 도움이 됩니다.

❗ 탈모가 갑자기 생겼나요? 가려워하나요?

증상, 발생 시기 등 자세한 정보를 수의사에게 알려 주세요. 다음은 주요 질문 리스트입니다. 동물병원에 가기 전에 한번 정리해 보세요.

- 탈모가 얼마나 오래되었나요?

- 탈모 부위를 자주 긁나요?

- 탈모 부위를 많이 핥나요?

- 다른 증상은 없나요?

- 음식이나 사료에 변화는 없나요?

- 최근 환경변화는 없나요?

- 동거묘가 있나요? 동거묘에게 비슷한 증상은 없나요?

- 외출하는 고양이인가요?

- 집사님이 현재 앓고 있는 피부병은 없나요?

>>> Summary

- 탈모를 일으키는 원인은 다양합니다. 동물병원에서 정확한 원인을 확인하고, 이에 따른 치료를 받아야 합니다.
- 사진으로 초기 상태를 잘 기록해 주세요. 사진을 찍어 두면 개선 상태를 살펴볼 수 있는 장점도 있습니다.
- 고양이의 행동도 잘 관찰해 주세요. 특히 과도하게 긁거나 핥지는 않는지 확인해 줘야 합니다.

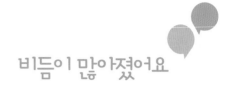
비듬이 많아졌어요

집사가 묻는다

고양이 비듬은 왜 생기죠?

비듬은 오래된 세포가 떨어져나가고 새로운 세포가 생성되는 과정에서 자연스럽게 생기는 찌꺼기입니다. 하지만 언제부터인가 유난히도 비듬이 많이 생긴다면 이유가 무엇인지 생각해 보아야 합니다.

수분 부족

건조한 환경이 비듬을 유발하기 때문에 습도가 낮은 겨울철에 비듬이 많이 생기는 것을 볼 수 있습니다. 평소에 물을 잘 마시지 않거나 건식사료

209

위주로 먹는 고양이라면 증상이 더욱 심할 수 있습니다.

영양소 불균형

영양소가 충분히 포함되지 않은 사료를 계속 섭취하다 보면 비듬이 많이 생길 수 있습니다. 특히 오메가3 등의 지방산 섭취가 부족하면 피부질환에 더욱 취약해집니다.

고양이 건강상태

나이가 많은 고양이, 관절이 좋지 않거나 살이 지나치게 많이 쪄서 그루밍을 제대로 하지 못하는 고양이는 비듬이 더 많이 생길 수 있습니다.

감염 혹은 질병

신체 질환으로 비듬이 생길 수도 있습니다. 피부사상균을 비롯한 곰팡이 감염, 모낭충과 같은 기생충 감염, 당뇨나 갑상선기능항진증 등의 호르몬 문제, 식이 알레르기 반응이나 아토피가 이에 해당합니다.

일시적인 것인지 아픈 것인지는 어떻게 구분하나요?

일시적인 비듬이 아니라면 다른 증상을 동반할 확률이 높습니다. 가령 고양이가 특정 부위를 자꾸 긁는다던가, 그곳에 손을 대려고 하면 화를 낸다던가 하는 행동상의 변화가 나타날 수 있습니다. 또 털이 많이 빠지거나 피부가 빨개 보인다면 피부병일 수도 있습니다. 세균이나 곰팡이 등의 감염이 있다면 피부에서 냄새가 나기도 합니다. 한편 전반적인 식욕과 활력이 많이 떨어져 보인다면 피부만의 문제가 아닐 수 있으니 동물병원에서 검사를 받아보아야 합니다.

 일시적인 비듬이라면 어떻게 관리해 주어야 하나요?

집 안의 습도를 적절하게 유지하고, 비듬을 개선하는 사료와 영양제를 제공하며 고양이의 생활습관을 개선해 주면 자연스럽게 호전되는 경우가 많습니다. 한편 비듬 제거를 위해 고양이를 너무 자주 씻기는 것은 오히려 고양이 피부를 자극하여 더 약하게 만들고 증상이 심해질 수 있답니다.

수의사가 묻는다

❗ 비듬과 함께 동그란 모양의 탈모를 동반하고 심하게 긁지는 않나요?

면역력이 약한 어린 고양이 혹은 외출냥이에서 동그란 모양의 탈모를 동반하고 무척 가려워한다면 피부사상균 감염을 의심해 볼 수 있습니다. 곰팡이 감염의 일종인 이 질병은 다른 동물뿐만이 아니라 사람도 옮을 만큼 전염성이 강하기 때문에 고양이와 접촉을 최소한으로 하고, 빨리 동물병원에서 정확한 진단을 받는 것이 필요합니다.

❗ 사람용 비듬개선 샴푸를 고려하고 계신가요?

　사람용 샴푸를 고양이에게 사용해서는 안 됩니다. 고양이의 피부는 사람보다 훨씬 얇고 연약합니다. 또 사람 피부의 pH는 약 5정도의 약산성인데 반해 고양이 피부는 pH 7~7.5 정도의 약알칼리성이랍니다. 따라서 사람용 샴푸를 고양이에게 사용할 경우 피부에 강한 자극을 줄 수 있습니다.

>>> Summary

- 고양이의 비듬은 환경이나 영양상태, 고양이의 습성에 따라 일시적으로 생긴 것일 수 있습니다. 하지만 다른 증상을 동반한다면 질환의 가능성이 높습니다.
- 고양이 비듬의 원인이 매우 다양하기 때문에 동물병원에서 정확한 원인을 진단받고 그에 따라 치료계획을 세워야 합니다.

턱드름이 났어요

집사가 묻는다

👣 고양이 턱드름은 왜 생기나요?

턱드름은 쉽게 생각하면 모낭 안에 피지가 쌓인 채 갇혀서 밖으로 나오지 못해 생기는 '블랙헤드'입니다.

고양이에게 턱드름이 생기는 원인은 다양한데, 턱은 고양이들이 혀로 직접 그루밍하기 힘든 부위여서 청결하지 못해 턱드름이 날 수 있습니다. 또한 나이가 많은 고양이들은 면역력이 약해져 턱드름이 더 잘 생기기도 합니다. 간혹 사료나 물그릇을 바꾸고 나서 턱드름이 생기는 고양이들이 있는데, 바꾼 사료에 알러지가 있거나 사료 가루가 유독 턱에 더 많이 묻어서 또는 바꾼 물그릇이 깨끗하지 않거나 플라스틱 물그릇을 사용하는 경우 턱에 자극을 더 잘 유발해 턱드름이 생길 수 있습니다.

이외에도 고양이가 스트레스를 받거나 전반적인 피부질환이 있는 경우 혹은 아무 이유 없이도 턱드름이 날 수도 있습니다.

☁️ 고양이 턱드름이 없어졌다가 자꾸 다시 생겨요. 어떻게 해 주면 좋을까요?

턱드름이 생겼던 고양이라면 우선 물그릇, 사료그릇을 자극적인 플라스틱보다는 스테인리스나 도자기 재질로 바꾸어 보는 것이 좋고, 물그릇은 입구가 너무 크지 않은 것으로 바꾸어 주어 물을 먹을 때 턱이 많이 젖지 않게 해 주는 것이 좋습니다. 또한 그릇을 최소 3~4일에 한번씩 닦아 청결하게 유지시켜 주세요. 유독 피지가 많아 턱드름이 많이 생기는 고양이들이 있습니다. 이런 경우 완전히 턱드름을 없애는 것보다는 감염이 되지 않게 관리해 주는 것이 더 중요합니다. 따라서 턱부위의 털을 깎고 되도록이면 매일 고양이의 턱을 따뜻한 물에 적신 솜이나 동물병원에서 받은 소독액으로 닦아 주어 감염을 예방해 주세요.

❗ 고양이가 다른 피부질환으로 치료 받은 적이 있나요?

    고양이에게 곰팡이나 모낭충 감염이 있을 때에도 턱드름과 비슷한 증상을 보일 수 있습니다. 또 면역저하를 일으키는 전신질환으로 인해 턱드름이 생겼을 수도 있습니다. 따라서 고양이가 턱드름 이외에 다른 피부에도 이상이 있는지, 평소와는 다른 이상 증상을 보이지는 않는지도 함께 확인이 필요합니다.

❗ 턱드름 관리는 어떻게 해 주고 계신가요?

    고양이의 턱드름을 단순한 블랙헤드라고 생각하여 집에서 이것을 짜준다면 세균 감염이 더 쉽게 이루어져 턱드름이 악화됩니다. 따라서 동물병원에서 고양이 턱드름에 대해 세균 감염이 되었는지, 다른 피부 질환의 문제는 아닌지 검사를 받는 것이 먼저 진행되어야 합니다. 만일 고양이 턱드름에서 세균 감염이 확인되지 않았다면, 따뜻한 물이나 소독액에 적신 솜으로 하루에 두세 번씩 닦고 축축하지 않게 말려주며, 특히 사료를 먹은 후 고양이의 턱을 틈틈이 닦아 주는 것이 집사의 고양이 턱드름 관리법입니다. 말은 쉽지만, 매일 제대로 고양이 턱을 닦아 주는 것이 쉽지 않고 이렇게 해도

215

완전히 사라지지 않고 다시 생길 수도 있습니다.

만약 턱드름이 세균 감염으로 인해 붉게 부풀고 농이 생겼다면, 그 부위를 깨끗이 유지시키는 것과 함께 수의사 처방에 따른 꾸준한 약물 복용을 해야 합니다. 추가적으로 고양이에게 넥칼라를 착용시켜 턱드름이 있는 부분을 고양이가 자극하지 않게 해 주어야 합니다. 넥칼라를 매우 싫어하는 고양이가 있는데, 그렇다고 해서 넥칼라 착용을 하지 않게 되면 고양이는 계속 턱드름을 건드리게 되어 치유는 더욱 지연됩니다.

>>> Summary

- 고양이에게 턱드름이 났다면 그 부위를 깨끗하게 유지하도록 털을 깎고 매일 따뜻한 솜 및 소독액으로 닦아 주어야 합니다.
- 턱드름은 제대로 관리되지 않을 경우 2차 세균 감염이 이루어져, 상태가 더 악화되어 치료 기간이 더 길어질 수 있습니다.

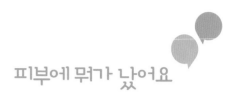

피부에 뭐가 났어요

집사가 묻는다

:• 우리 고양이 몸에 못 보던 덩어리가 생겼어요. 어떻게 해야 할까요?

가장 중요한 것은 동물병원에 가서 수의사의 상담을 받는 것입니다. 만약 그 덩어리가 악성 종양암이라면 가능한 일찍 발견해야 치료 가능성을 높여 주고, 양성 종양이거나 종양이 아닌 경우에도 수의사와의 상담을 통해 적절한 치료를 할 수 있기 때문입니다.

🐾 동물병원에 가면 무슨 검사를 하게 되나요?

동물병원에서는 고양이 몸에 있는 혹 덩어리가 어떤 세포로 이루어져 있는지 검사를 하고 종양인지 아닌지를 확인합니다. 혹 덩어리의 크기나 양상에 따라 다양한 검사가 진행될 수 있는데 가장 많이 하는 검사로는 세침 흡인 검사가 있습니다. 세침 흡인 검사는 가는 바늘로 덩어리 속의 세포를 조금 뽑아내어 확인하는 방법입니다. 세침 흡인 검사는 진정이나 마취가 거의 필요하지 않아서 간단하며 고양이에게 흉터가 덜 남으면서 많은 정보를 얻을 수 있는 방법입니다. 다른 검사로는 덩어리의 위치나 크기, 모양, 그 외 여러가지 요소에 따라 덩어리의 일부분 혹은 전부를 아예 절제하여 조직검사를 하는 방법이 있습니다. 조직검사를 할 때는 마취를 해야 하기 때문에 마취를 위한 혈액검사와 엑스레이 검사 또한 필요합니다.

🐾 고양이 피부에 생길 수 있는 덩어리들은 어떤 것들이 있죠?

농양

농양은 물리거나 할퀴어서 피부가 부어 오르고 농이 차는 덩어리로, 붉게 변하거나 통증이 있을 수도 있습니다. 일반적으로 처방 받은 약을 먹여서 치료를 하지만 깊은 농양의 경우 수술이 필요합니다.

벌레 물림

모기, 벌, 거미, 개미 등 여러 가지 벌레에 물린 후 그 부위가 붉게 변하고 부어 오를 수 있는데 특히 귀나 코 같은 부위는 다른 부분보다 더 심한 반응이 나타날 수 있습니다.

여드름

고양이들도 턱이나 피부에 블랙헤드가 생깁니다. 심한 경우 여드름처럼 작은 덩어리들이 생기기도 하는데 그대로 두면 추가 감염이 생길 수도 있기 때문에 수의사와 상담을 통해 적절한 처치를 해 주시는 것이 좋습니다.

종양 (양성, 악성)

고양이 피부에서 흔히 생기는 종양으로는 모낭 유래 종양, 비만세포 종양, 편평상피암종, 섬유육종, 지방종 등이 있습니다. 양성 종양의 경우 고양이가 불편함을 느끼지 않는다면 치료하지 않아도 괜찮지만, 불편함을 느낀다면 수술로 완전히 제거할 수 있습니다. 하지만 악성 종양이라면 종양의 종류와 상태에 따라 예후가 달라지며 전이가 되었을 수도 있기 때문에 추가적으로 면밀한 검사가 필요합니다.

❗ 덩어리가 생긴 지 얼마나 되었나요? 이전에 혹시 몸에서 덩어리가 생겨서 검사를 하거나 수술을 한 적이 있나요?

정확히 진단하기 위해서는 덩어리가 생기기까지의 예후를 파악하는 것이 중요합니다. 진단할 때 아래 내용들을 알려 주시면 도움이 됩니다.

- 언제부터 덩어리가 생겼나요?
- 그동안 크기가 점점 커졌나요, 아니면 그대로 유지되었나요?
- 벌레에 물리거나 다른 고양이와 싸운 적은 없었나요?
- 예전에 고양이 몸에 비슷한 덩어리가 생겼던 적이 있었나요? 만약 수술로 덩어리를 제거한 적이 있었다면 그 당시 진단은 어떻게 나왔나요?

>>> Summary

- 고양이 몸에 덩어리가 생겼다면, 동물병원에 가서 검사를 통해 정확한 진단을 받는 것이 최선의 방법입니다.
- 동물병원에 가서 검사를 의뢰할 때에는 그 동안의 예후를 상세히 알려 주시면 정확한 진단에 도움이 됩니다.

고양이 털 관리

고양이는 유독 털이 많이 빠지기로 유명합니다. 게다가 1년에 2번 있는 환절기에는 평소보다 훨씬 많은 양의 '털갈이'를 하는데요, 생리적으로 지극히 정상이지만 집사에게는 무척이나 성가신 일입니다. 털과의 전쟁을 현명하게 대처할 수 있는 몇 가지 비법을 알아볼까요?

고양이 관리

• 빗질

가장 중요하고 근본적인 관리 방법입니다. 죽은 털이 흩날리기 전에 2~3일에 한 번 빗질을 통해 제거해 주는 것이죠. 촘촘하지 않은 일자빗으로 털이 난 방향에 따라 머리에서 꼬리까지 부드럽게 빗겨준 후에, 촘촘한 빗으로 정리하는 방법이 한결 수월합니다.

• 목욕

대부분의 고양이가 싫어하지만 주기적으로 목욕을 시켜줄 수도 있습니다. 몸통부터 미지근한 물로 적셔준 뒤 몇 분 동안 샴푸로 마사지하고 헹궈줍니다. 민감한 얼굴 부위는 조심스럽게 씻어 주되 특히 귀에 물이 들어가지 않도록 주의해야 합니다.

• 음식

시중에 고양이 모질 개선을 위한 영양소가 듬뿍 들어 있는 사료나 보조제가 여럿 존재하는데요, 우리 고양이에게 잘 맞는 제품을 찾아낸다면 털에 윤기가 좔좔 흐르고 빠지는 양도 현저히 줄어드는 경험을 할 수 있습니다.

우리 집 관리

• 바닥

집 안을 전체적으로 청소할 때는 청소기만큼 편한 것이 없습니다. 하지만 청소기를 돌릴 때 나오는 바람에 의해 털이 공기로 날아가 버리면 헛수고인데요, 이를 막으려면 청소기를 돌리기 전에 정전기 부직포를 밀대에 고정하여 크게 한 번 정리해 주면 됩니다.

• 소파나 침대

비교적 평평한 형태의 섬유소재들은 롤러나 테이프를 이용하는 것이 편합니다. 하지만 테이프의 접착력에도 한계가 있는데요, 이때 고무장갑을 사용해 보세요. 제거되지 않은 털을 고무장갑의 정전기를 활용해 꽤 효과적으로 모을 수 있습니다.

• 옷

집사들이 가장 속상해하는 것은 바로 옷입니다. 이를 공략하기 위해서는 드라이어를 이용해 보세요. 옷에 뜨거운 바람을 쐬면 털이 바짝 건조되면서 제거하기 훨씬 쉬워집니다. 같은 원리로 세탁을 시작하기 전에 건조기에서 먼저 10분 정도 돌려주면 옷에 박혀 있는 많은 털이 알아서 제거됩니다. 세탁기를 돌릴 때는 섬유유연제를 충분히 넣어서 옷의 정전기를 제거해 주면 건조 후에 털 제거가 훨씬 쉽다는 사실도 잊지 마세요.

Chapter 10

뼈 · 신경

고양이가 다리를 절어요

😺 고양이가 다리를 저는 이유가 뭔가요?

고양이가 다리를 저는 대표적인 이유를 살펴보면 아래와 같습니다.

골절

골절은 주로 외상이나 사고로 발생하며 고양이 정형외과 질환에서 큰 비중을 차지합니다. 뒷다리나 골반 쪽 골절이 흔하며 다리를 잘 못 쓰거나 절뚝이는 모습을 보이게 됩니다. 외상으로 골절이 생긴 경우라면 단순한 골절 뿐만 아니라 내부 장기나 전신에 문제가 있을 가능성이 있기 때문에 가능한 빨리 동물병원에 가서 정밀 검사를 받아야 합니다.

동맥 혈전색전증

비대심근병증을 앓는 고양이에게 혈전이 생겨 다리로 가는 혈관을 막게 되면 몸에 필요한 산소와 영양분이 공급되지 않아 신체 손상이 발생합니다. 고양이는 혈전이 생긴 다리에 극심한 통증을 느끼고 다리를 잘 사용하지 못하게 됩니다. 고양이가 갑자기 다리를 절고 다리에 차가운 느낌이 든다면 동맥 혈전색전증일 수 있습니다. 동맥 혈전색전증은 생명까지 앗아갈 수 있는 응급 상황이기 때문에 즉시 동물병원에 가야 합니다.

퇴행성 관절염

퇴행성 관절염은 관절연골이 점점 퇴화하는 질병으로 고양이에서 가장 흔한 관절 질병입니다. 한 연구에서는 열두 살 이상 고양이의 90퍼센트가 엑스레이 검사에서 퇴행성 관절염 증거가 관찰되었다고도 합니다. 하지만 고양이는 퇴행성 관절염이 있어도 다리를 절기보다 눈에 덜 띄는 다른 증상을 보여서 집사가 쉽게 알아차리기 어렵습니다. 퇴행성 관절염인 고양이가 보일 수 있는 증상은 아래와 같습니다.

• 만질 때 아파합니다.

• 관절 부위가 붓습니다.

• 관절을 움직일 수 있는 범위가 줄어듭니다.

• 관절 부위에 열이 납니다.

만약 고양이가 위의 증상을 보인다면 정확한 진단을 위해 동물병원에 데려가서 검사를 받아야 합니다.

그 외 관절염

퇴행성 관절염이 아닌 다른 원인으로 관절염이 발생하기도 합니다. 다른 고양이와 싸우다가 물려서 세균 감염성 관절염이 생길 수 있고 자가면역 질환으로 관절염이 생기기도 합니다.

☁ 퇴행성 관절염을 앓는 고양이를 위해 집에서 해 줄 수 있는 처치는 어떤 것이 있나요?

퇴행성 관절염은 진행성 질병으로 완치는 불가능하지만 치료를 통해 통증과 염증을 줄이고 질병 진행을 늦출 수 있습니다. 치료는 크게 다음과 같습니다.

체중 감량

체중 감량과 약물 및 보조제 복용에 집사의 노력이 필요합니다. 특히, 과체중이나 비만은 관절에 무리를 주어 퇴행성 관절염을 악화시키기 때문에 적정 체중으로 감량하는 것이 매우 중요합니다.

약물 치료

동물병원에서 처방받은 약물을 꾸준히 복용시키는 것도 관절의 염증과 통증을 줄이기 위해 중요합니다.

관절보조제 및 보충제

관절보조제로는 글루코사민이나 콘드로이틴 등이 있고 오메가3 또한 도움이 될 수 있습니다. 수의사와 상담을 통해 오메가3와 글루코사민, 콘드로이틴이 포함된 처방식 사료를 급여하는 것도 좋은 방법이 될 수 있습니다.

생활 환경 개선

고양이가 생활하는 환경을 관절에 무리가 가지 않도록 개선하는 것도 중요합니다. 사료나 물그릇, 화장실을 좀 더 접근이 쉬운 위치로 옮기고 바닥이 미끄럽지 않게 매트를 깔아 주면 도움이 됩니다. 놀이할 때는 무리하게 점프하거나 너무 많이 뛰지 않도록 놀이 강도를 적절히 조절해야 합니다.

수의사가 묻는다

❗ 고양이가 다리를 저는 행동이 어떤 식으로 나타났나요?

고양이가 다리를 절 때 동물병원에서 주로 물어보는 질문 리스트입니다. 동물병원에 방문하기 전 미리 정리해 가시면 도움이 될 것입니다.

- 고양이가 어느 쪽 다리를 절었나요? 고양이가 걸을 때 땅에 짧게 딛거나 비틀거리는 다리가 불편한 다리입니다.
- 언제부터 다리를 절기 시작했나요?
- 다리를 저는 증상이 갑자기 나타났나요? 서서히 나타났나요?
- 혹시 사고가 있지는 않았나요?

❗ 스코티시폴드 고양이를 키우고 계시나요?

스코티시폴드는 스코티시폴드 관절병이라고 불리는 유전성 질병이 있습니다. 스코티시폴드의 특징인 접힌 귀가 나타나는 유전자와 함께 유전되는 질병이라서 귀가 접힌 형태라면 이 질병이 있을 가능성이 높습니다. 스코티시폴드 관절병은 뼈가 자라나는 과정이 비정상적으로 진행되면서 관절이 굳어지는 질병으로 특히 발, 척추, 꼬리 및 뒷다리에서 증상이 가장 두드러지게 나타납니다.

>>> Summary

- 다리를 저는 이유는 여러 가지가 있을 수 있으며 외상이나 동맥혈전색전증인 경우 응급 상황이므로 빨리 동물병원에 가야 합니다.
- 아픈 다리와 관련된 사실들을 가능한 한 상세하게 알려 주시면 진단과 진료에 도움이 됩니다.
- 스코티시폴드 고양이의 '접힌 귀'는 유전성 관절 질병과 관련이 있습니다.

갑자기 다리를 못 써요

•˙• 다리를 갑자기 못 쓰는 것과 심장병이 서로 관련이 있나요?

비대심근병증은 고양이에게 잘 생기는 심장병으로 심장이 기능을 제대로 하지 못하게 되어 혈액 순환이 잘 되지 않는 질병입니다. 순환이 잘 되지 않아 피가 일정한 부위에 고이는 현상이 지속하면, 피가 덩어리질 수 있습니다. 이 덩어리가 혈관을 막아 버리는 것이죠. 혈관이 막히면 혈액 공급도 끊깁니다. 따라서 혈액을 통한 영양 공급이 이루어지지 못하고 기능을 회복할 수 없게 됩니다. 고양이에게 이 증상이 잘 생기는 부위가 바로 뒷다리입니다. 뒷다리 혈관이 몸의 큰 혈관인 대동맥의 갈래이기 때문입니다.

심장병이 있는 고양이가 다리를 갑자기 못 쓰면 어떻게 해야 하나요?

응급 상황으로, 즉시 동물병원을 방문하여 약물 처치를 받아야 합니다. 다만 약물 비용도 비싸고 증상을 보인 후 네 시간에서 여덟 시간 이내에만 효과가 있으며, 부작용도 있을 수 있어 수의사와 보호자의 상담이 필요합니다. 수술로 제거할 수도 있지만, 실제로 많이 이루어지지는 않습니다.

고양이도 디스크 질환이 생기나요?

고양이는 유연하여 디스크 질환이 생기지 않는다고 생각하는 분들이 많은데요, 고양이도 디스크 질환이 있습니다. 우리가 흔히 질병 이름으로 알고 있는 디스크는 척추뼈와 뼈 사이에 존재하는 구조물을 말합니다. 고양이가 디스크 질환이 있으면 걷는 것을 불편해하거나 다리를 질질 끄는 모습을 보일 수 있으며, 아주 심하면 아예 걷지 못하기도 합니다. 디스크가 탈출한 것을 동물병원에서 면밀한 신체검사를 한 후에 엑스레이, MRI를 통하여 진단할 수 있습니다.

디스크 질환의 치료과정은 어떻게 되나요?

고양이가 다리를 못 쓰는 정도와 디스크가 탈출된 정도, 그리고 탈출된 디스크로 인해 척수 신경이 손상된 정도에 따라 치료 방향이 달라집니다. 고양이가 다리를 잘 못 쓰지만 걷는 것이 가능한 정도라면 약물 치료를 통한 내과적 관리로 증상이 호전될 수 있습니다. 하지만 고양이가 걷는 것을 힘들어하고, 탈출된 디스크가 척수 신경을 심하게 누르고 있다면 수술을 통한 교정이 꼭 필요합니다.

디스크 탈출이 심각한 상태로 시간이 오래 지난 경우에는 척수 신경이 이미 손상되어 수술과 약물 치료로도 증상이 호전되지 않을 수 있습니다. 이 경우에는 침술과 같은 보조적인 치료가 도움이 될 수 있습니다.

수의사가 묻는다

❗ 얼마나 오래 못 걷는 것 같았나요? 혹시 특별한 사건은 없었나요?

문에 부딪힌 적이 있다든지 어디에서 떨어졌다든지 특별한 사건이 있었다면 이 사고로 인해서 다리 골절, 염증이 생겨서 걷는 데 불편함을 느낄 수 있습니다. 이 경우에는 아파 보이는 부위를 건드리지 말고 동물병원으로 빨리 데려가야 합니다.

❗ 고양이가 지내는 환경이 어떤가요?

일단 고양이가 걸음을 못 걷게 된 안타까운 상황에서 집사가 할 수 있는 것은 고양이가 돌아다니기 편안한 환경을 만들어 주는 것입니다. 미끄러운 대리석 바닥, 나무 바닥 대신 매트가 필요합니다. 고양이가 더 못 걷게 되면 접근이 쉬운 화장실이 필요합니다.

>>> Summary

- 고양이가 갑자기 다리를 못 쓰는 대표적인 원인으로 심장병과 디스크 질환이 있습니다.
- 심장병, 디스크 질환 모두 약 하나 또는 수술만으로 해결되는 질병은 아닙니다. 오랜 시간 관리해야 합니다.
- 다리가 불편한 고양이가 최대한 편하게 생활할 수 있는 환경을 만듭니다.

높은 곳에서 떨어졌어요

 집사가 묻는다

🐾 고양이가 창밖으로 뛰어내렸어요. 살 수 있을까요?

  고양이가 낙상했다면 응급 상황입니다. 낙상 사고를 당해 동물병원에 오는 고양이들을 보면 2~3층 높이에서 뛰어내리는 경우가 많습니다. 이럴 때 가장 많이 생기는 부상은 다리 골절이며, 다른 이상 없이 다리만 골절되었다면 다행히 생명에는 큰 지장이 없습니다.

  하지만 낙상 후 고양이가 항상 살아남는 것은 아닙니다. 사고로 인해 생긴 골절부의 위치에 따라, 골절 이외의 다른 부상이 함께 있는지에 따라, 그리고 뛰어내린 높이에 따라 생존율은 크게 달라집니다. 낙상으로 인해 다리

골절뿐만 아니라 안면골절이나 척추골절도 함께 생겼을 경우 생명을 위협할 수 있으며, 두개골 골절이 있다면 뇌출혈 및 뇌손상이 있을 수 있어 더욱 위험합니다. 또한 낙상으로 인한 충격으로 폐출혈이나 기흉이 생겼을 경우 호흡이 힘들어지게 되며, 간, 신장, 방광과 같은 복강 장기에서 출혈이나 파열이 있다면 쇼크 상태로 진행되어 고양이의 상태는 더욱 나빠질 수 있습니다. 낙상을 당한 고양이가 자신이 다친 것을 보호자에게 숨기고 있을 수 있으니, 고양이를 동물병원에 데려가 골절 및 다른 장기에 이상은 없는지 반드시 검사를 받아야 합니다.

💬 높은 곳에서 떨어진 고양이를 동물병원에 데려가려고 하는데, 주의사항이 있나요?

고양이가 통증을 느끼는 부위를 최대한 만지지 않는 것이 좋습니다. 예를 들어 다리가 부러진 경우 부러진 뼈나 틀어진 관절을 만지는 것이 고양이에게 추가적인 고통을 줄 수 있으며 상태를 더욱 악화시킬 수 있기 때문에 그 부분은 만지지 않아야 합니다. 상처를 입은 고양이를 옮길 때는 고양이에게 무리를 주지 않게 조심해야 합니다. 고양이를 직접 안아서 동물병원에 데려오기보다 이동장을 사용하는 편이 좋습니다. 고양이의 머리와 엉덩이를 받쳐서 조심스럽게 이동장에 옮겨 주세요. 만약 다리를 다친 고양이라면 이동장에 눕힐 때 다친 다리가 위로 가도록 옆으로 놓아 주셔야 합니다. 동물병원에 도착한 후에는 먼저 고양이를 이동장에서 꺼내지 말고 수의사가 와서 도와줄 때까지 기다려 주세요.

고양이들은 다른 반려동물에 비해 유독 높은 곳에서 떨어지는 사고가 많이 일어나는 편인데요. 고양이에게 이러한 낙상 사고는 흔하며, 낙상으로 인한 부상을 하이라이즈신드롬high-rise syndrome이라는 정식 수의학 용어로 부르기도 합니다. 일부 고양이들은 정말 호기심 때문에 창밖으로 뛰어내리기도 합니다. 창밖으로 뛰어내리는 고양이의 평균 연령은 세 살 이하로 어린 고양이들이 많은데요. 어린 고양이들은 아직 새롭고 익숙하지 않은 환경에 대해 겁이 없고 바깥세상에 대한 호기심이 가득해 위험한 줄도 모르고 높은 곳에서 뛰어내리는 경우가 많습니다. 특히 평소에 공격적이고 활발한 고양이가 더 낙상을 많이 당한답니다. 또한 고양이가 벌레를 쫓고 있거나, 창밖에 지나가는 무언가에 집중하고 있다가 창밖으로 몸을 내던지기도 합니다. 또 다른 이유로는 날씨가 있습니다. 고양이들은 따뜻한 봄, 가을에 더 많이 창밖으로 뛰어내리는데, 바로 자신의 짝을 찾기 위해서입니다. 일부 고양이들은 정말 실수로, 잠이 들었거나 의도치 않게 미끄러져 떨어지기도 합니다.

❗ 고양이의 낙상을 예방하기 위한 조치를 해 두셨나요?

　고양이들은 날씨가 따뜻해서, 호기심이 많아서, 혹은 아무 이유 없이 창가에 자주 앉아 있고는 합니다. 이런 고양이 중 창문을 열려고 시도했다거나 창문 밖으로 나가는 벌레를 열심히 쫓고 있거나 발정기가 온 고양이라면 창밖으로 뛰어내릴 가능성이 있기 때문에, 절대 창문을 열 수 없게 해 두어 낙상을 예방해야 합니다. 좋은 방법은 방묘창을 설치하여 혹여나 고양이가 창문을 열더라도 뛰어내릴 수 없게 해놓는 것입니다.

>>> Summary

• 낙상은 주로 어리고 활발한 고양이들에게 보다 많이 일어나며 날씨가 따뜻할수록 고양이들은 더 뛰어내립니다. 창문을 꼭 닫아두어 고양이의 낙상을 예방합시다.
• 낙상 후에는 고양이가 자신의 아픔을 숨기고 있을 수 있습니다. 고양이가 응급 처치가 필요한 상황일 수 있기 때문에 바로 동물병원으로 데려오셔야 합니다.

발작을 해요

🐾 발작은 왜 일어나죠?

　근육의 움직임을 조절하는 신경계에 문제가 생겨서 수축과 이완을 반복하는 현상을 일반적으로 경련 혹은 발작이라고 합니다. 이런 증상은 뇌에 직접 손상을 입은 경우에도 일어나지만 심장이나 간의 문제, 당뇨, 감염, 약물 등이 신경계에 손상을 주는 경우에도 발생할 수 있습니다.

238

발작을 미리 알 수는 없을까요?

그렇지 않은 경우도 있지만 많은 경우에 발작은 예고하고 찾아옵니다. 발작은 크게 아래와 같은 3단계를 거치게 됩니다.

1단계 전조 증상

불안해하며 안절부절못하거나 신경질을 내며 침을 흘리기도 합니다. 짧게는 수초에서 길게는 몇 시간까지 이어질 수 있습니다.

2단계 발작

수초에서 5분가량, 중독이나 머리 부상 등에 의한 급성 발작이라면 10분 이상 다양한 형태의 발작을 합니다. 사지가 뒤틀리고 온몸이 뻣뻣해지며 근경련을 일으킬 수도 있고, 배변 배뇨 실수를 하거나 의식을 완전히 잃을 수도 있습니다.

3단계 발작 후

몇 시간 동안 무기력하거나 멍한 모습으로 정신을 차리지 못합니다. 구토나 배변, 배뇨를 하기도 합니다. 감각기관이 제대로 기능하지 못해 실명한 것처럼 행동하기도 합니다.

🐾 고양이가 발작하면 집사는 어떻게 해야 하죠?

발작은 동물병원에서 빠르게 치료를 받아야 하는 응급질환인데요, 발작하는 동안 고양이 뇌로 공급되는 산소가 부족해지며 후유증이 생길 수 있고 발작이 재발하는 경우도 워낙 많기 때문입니다. 하지만 발작하는 고양이를 만지면 고양이가 오히려 더 흥분하기 때문에 우선은 고양이의 추가적인 부상을 최소화하기 위하여 아래에 나와 있는 조치를 해야 합니다. 발작이 끝나면 지체 없이 수의사와 상담하는 것을 권장합니다.

- 발작 도중에 고양이를 만지면 오히려 더 흥분할 수 있으니, 이름을 따뜻하게 불러 주며 안정시킵니다.
- 주변에 위험한 물건이 있으면 치우고, 테이블 모서리는 쿠션으로 가려줍니다.
- 발작하는 몇 분간 에너지 소모가 많아 체온이 급격히 올라가니, 주변 온도를 서늘하게 만들어 줍니다.
- 만약 침을 심하게 흘리거나 토를 하면 기도를 막아 오연성 폐렴에 걸릴 수 있습니다. 배를 보이고 누워 있는 자세는 호흡이 힘들어 특히 위험하므로, 고개가 심하게 꺾이지 않도록 해 줘야 합니다.

❗ 혹시 앓고 있던 질병이 있었나요?

　전해질 불균형, 저혈당, 간이나 신장 질환, 약물·식물로 인한 중독 등 신경계에 영향을 주는 질환들이 있는데요, 원인이 되는 질환을 밝혀낸다면 상대적으로 수월하게 치료할 수 있습니다. 그렇기 때문에 동물병원에서는 집사가 제공하는 정보를 토대로 피검사부터 MRI까지 다양한 검사 방법을 동원해서 발작의 원인을 찾기 위해 노력합니다. 하지만 뇌에 문제가 있다거나 명확한 원인을 찾을 수 없는 경우라면 주기적으로 약물을 복용하며 신경계를 안정시켜 발작이 일어나지 않게 합니다.

❗ 발작의 양상은 어떤가요?

　동물병원에서 진단과 치료 계획을 세우기 위해서는 발작의 빈도나 지속 시간, 발생 부위, 의식이 있는지 등을 파악하는 것이 절대적으로 중요합니다. 수의사는 발작하는 고양이를 직접 관찰하기 어렵기 때문에 집사가 기록이나 촬영을 하고 수의사에게 보여 주시면 진단에 도움이 됩니다. 혹시 발작이 15분 이상 지속된다면 신속히 동물병원에 데려가 응급처치를 받아야 합니다.

>>> Summary

- 발작은 신경계의 이상에 의한 결과이며 전조기, 발작기, 발작 후기로 구분됩니다.
- 고양이가 발작한다면 추가적인 부상을 막기 위한 조치를 해야 합니다.
- 원인에 따른 치료가 필요하며 오랫동안 약을 먹을 수 있습니다.
- 고양이의 발작 양상을 잘 기록해 두면 동물병원에서 진료 시 도움이 됩니다.

얼굴에 마비가 온 것 같아요

안면 마비는 왜 생기나요?

안면 신경이나 관련 부위에 손상이 발생하면 안면 마비가 발생합니다. 귀 내부의 중이, 내이의 질병, 갑상선기능저하증, 염증이나 종양, 외상 등의 이유로도 안면 마비가 발생할 수 있습니다. 별다른 이유 없이 마비가 발생하는 경우도 있습니다. 하나의 이유로 인해 생기기도 하지만, 여러 가지 요소가 복합되어 얼굴 신경이 손상을 받아 안면 마비 증상을 보이기도 합니다. 함께 관찰되는 다른 증상이 무엇인지 잘 살펴봐야 합니다.

🐾 안면 마비는 완전히 나을 수 있나요?

　안면 마비를 일으킨 원인에 따라 치료 예후가 다릅니다. 시간이 지나면서 점차 해소되는 경우도 있지만, 증상이 다시 재발할 수도, 영원히 지속할 수도 있습니다. 처음에는 한쪽만 마비를 보이다가, 반대쪽 얼굴도 추가로 마비 증상을 보이기도 합니다.

🐾 주의할 점이 있을까요?

　안면 마비 자체에 대한 치료 못지않게 눈을 다치지 않게 조심하는 것이 중요합니다. 안면 마비가 있는 고양이는 눈을 잘 감지 못하면서 각막 궤양이 생길 수 있기 때문이죠. 동물병원에서 각막에 상처가 있는지를 비롯한 몇 가지를 확인하고, 눈이 건조해지지 않도록 관리하여 추가로 상처가 생기지 않도록 해야 합니다.

수의사가 묻는다

❗ 어떤 증상을 보이나요?

　이런 증상이 확인된다면, 증상이 가장 처음 발생한 시점을 기억해 두세요.

그리고 증상을 유발한 것 같은 사건이 있었다면 수의사에게 알려 주세요.

- 고양이 입에 음식이 계속 남아 있어요.
- 자꾸 음식을 흘려요.
- 자꾸 침을 흘려요.
- 눈을 잘 못 감아요.
- 눈곱이 자꾸 껴요.
- 얼굴이 비대칭이에요.
- 귀가 쳐져요.
- 입이 쳐져요.
- 고개를 기울이고 있어요.
- 경련도 해요.

❗ 고양이 건강 상태는 어떤가요?

다음의 상태에 대해서 기억을 잘 떠올려서 수의사에게 전달해 주세요. 안면 신경 마비에 대한 전반적인 평가를 위해, 혈액검사, 엑스레이 검사가 필요할 수 있습니다. 또한 더 면밀하게 확인하기 위해서 CT나 MRI 검사를 진행할 수도 있습니다.

- 증상이 언제 시작하였나요?

- 증상 시작 전에 특별한 사건은 없었나요?

- 한쪽인가요, 양쪽인가요?

- 다른 이상 증상은 없나요?

- 귀 질병을 앓은 적이 있나요?

- 기운이 없나요?

- 피부와 털의 상태는 괜찮나요?

- 잠을 얼마나 자나요?

>>> Summary

- 안면 마비 증상은 저절로 해소되기도 하지만, 재발하거나 더 심화할 수도 있습니다.
- 안면 마비 고양이는 눈을 감기 어렵기 때문에, 눈을 다치기 쉽습니다. 궤양이 발생하지 않도록 신경 써서 관리해야 합니다.

Chapter 11

내분비

살이 빠지고 심장이 빨리 뛰어요

: 갑상선기능항진증

집사가 묻는다

:👀 갑상선기능항진증이 무엇이고 왜 생기나요?

갑상선기능항진증은 고양이에게 가장 흔하게 발생하는 내분비 질병으로, 일곱 살 이상인 나이 많은 고양이에게 주로 나타납니다. 갑상선에 양성 종양이나 갑상선 비대증이 생기면 갑상선에서 분비되는 갑상선호르몬이 많아져서 갑상선기능항진증이 생깁니다. 갑상선호르몬은 신진대사를 조절하는 역할을 하는데, 갑상선호르몬이 필요 이상으로 나오면 신진대사가 과도하게 활발해져서 문제가 됩니다.

갑상선기능항진증이 있을 때 나타나는 증상은 어떤 것들이 있나요?

갑상선기능항진증을 앓는 고양이는 몸에서 소모되는 에너지가 많아서 식욕이 증가하지만 살이 빠지는 증상을 보입니다. 구토나 설사를 자주 하거나 소변량과 음수량이 늘기도 합니다. 어떤 고양이들은 나이에 비해 과도한 활동성을 보이고, 어떤 고양이들은 공격성이 증가하는 모습을 보입니다. 신진대사가 활발해지면서 심박수와 호흡수가 증가하며 체온도 올라갑니다. 갑상선은 목 앞쪽에 위치하는데, 정상이면 갑상선이 얇아서 만져지지 않지만, 갑상선기능항진증이면 갑상선이 커져서 만지면 느껴질 수 있습니다.

갑상선기능항진증이 의심될 때 동물병원에서는 어떤 검사를 하나요?

갑상선기능항진증이 있을 때 나타나는 증상은 나이든 고양이에게 잘 생기는 다른 질병(당뇨, 염증성 장 질환, 만성 신장 질환, 종양 등)에서도 나타날 수 있는 증상이기 때문에 정확한 진단을 위해서는 동물병원에서 검사를 받아야 합니다. 동물병원에서 수의사는 기본적인 문진과 신체검사, 갑상선 촉진, 심박수 및 혈압 측정을 통해 갑상선기능항진증의 가능성을 의심하게 됩니다. 갑상선기능항진증이 의심되는 경우 혈액검사와 갑상선호르몬 검사를 해서 혈중 갑상선호르몬의 농도가 높게 나오면 쉽게 확진이 됩니다. 하지만 일부 고양이는 갑상선기능항진증이 있어도 갑상선호르몬 농도가 정상으로 나오기도 하는데, 이 경우 진단을 위해서는 추가적인 검사가 필요할 수 있습니다.

250

🐾 고양이 갑상선기능항진증의 치료는 어떻게 하나요?

고양이 갑상선기능항진증 치료를 위해 할 수 있는 방법은 크게 3가지가 있습니다. 각 방법의 장단점이 있으므로 수의사와의 상담을 통해 고양이의 상태와 집사의 상황에 가장 알맞은 치료방법을 선택하시기 바랍니다.

갑상선호르몬 억제 약물

갑상선에서 갑상선호르몬을 만들고 분비하는 것을 억제하는 약물을 사용하여 관리하는 치료 방법입니다. 다른 방법에 비해 가격이 저렴하다는 장점이 있으나 갑상선기능항진증을 완전히 치료하기는 어렵고 평생 꾸준히 약을 먹여야 한다는 단점이 있습니다. 또한 일부 고양이는 구토, 식욕부진, 빈혈 같은 약물 부작용을 보이기도 합니다.

방사성 요오드 치료

갑상선 세포는 갑상선호르몬을 합성하기 위해 요오드가 필요합니다. 방사성 요오드는 방사선을 방출하는 요오드로 방사성 요오드를 체내에 주입하면 방사성 요오드가 갑상선으로 가서 과다한 갑상선호르몬을 분비하는 갑상선 세포를 파괴합니다. 방사성 요오드 치료를 받은 고양이들은 대부분 1~2주 이내에 정상 호르몬 농도로 돌아오고 치료가 됩니다. 이 치료법은 심각한 부작용이 없고 마취하지 않고 갑상선기능항진증을 치료할 수 있다는 장점이 있습니다. 반면, 일부 대학 동물병원에서만 치료할 수 있고 치료 후 고양이의 방사선 농도가 낮아질 때까지 일정 기간 격리 입원이 필요하다는 단점이 있습니다.

수술

수술로 갑상선을 제거하는 방법입니다. 갑상선기능항진증을 한 번에 완전히 치료할 수 있지만 전신 마취가 필요하고 심각한 부작용이 생길 수도 있어서 실제로는 거의 하지 않는 치료 방법입니다.

수의사가 묻는다

❗ 고양이의 스트레스를 줄여 주기 위한 노력을 하고 계시나요?

갑상선기능항진증이 있는 고양이들은 호흡과 심박수, 체온이 이미 높은 상태이거나 쉽게 높아질 수 있습니다. 고양이가 스트레스를 받지 않도록 가능하면 어둡고 조용하며 시원한 곳에서 쉴 수 있게 해 주어야 합니다. 갑상선기능항진증과 심장병을 함께 앓고 있는 고양이는 과도한 스트레스를 받거나 더운 환경에 노출될 경우 급격히 상태가 나빠질 수 있는데 만약 고양이가 쓰러지면 응급 상황이므로 즉시 동물병원에 가야 합니다.

❗ 갑상선기능항진증의 합병증에 대해 알고 계시나요?

심장병

갑상선호르몬이 과도하게 증가하면 심박수도 증가하게 되고 심장 근육이 더 강하게 수축하는데 이 상태가 지속하면 심장에 무리가 가고 심장병으로 진행됩니다. 갑상선기능항진증이 있는 고양이가 2차적인 심장병을 함께 앓는 경우 심장병에 대한 치료도 필요합니다.

고혈압

고혈압은 갑상선기능항진증에서 나타날 수 있는 또 다른 합병증입니다. 고혈압이 지속하면 눈, 신장, 심장 등 다른 장기도 손상될 수 있어 치료가 필요합니다. 하지만 다행히도 갑상선기능항진증으로 인해 나타난 고혈압은 갑상선기능항진증이 치료되면 함께 나아지는 경우가 많습니다.

>>> Summary

- 나이든 고양이가 과도한 활동성을 보이고 살이 빠진다면 갑상선기능항진증을 의심해 볼 수 있습니다.
- 갑상선기능항진증을 앓는 고양이는 스트레스에 특히 취약하므로 스트레스 관리에 신경 써야 합니다.
- 갑상선기능항진증이 오래 지속하면 심장병이나 고혈압 같은 합병증이 발생할 수 있습니다.

물을 많이 마시고, 오줌도 많이 싸요

: 당뇨병

🐾 당뇨병이 뭔가요?

당뇨병은 한자어 뜻 그대로 소변에 당이 나오는 질병입니다. 고양이의 몸에서 '당'은 소중한 에너지원으로, 몸은 당이 배출되지 않도록 애를 씁니다. 혈액에서부터 소변으로 빠져나가려는 당을 신장에서는 하나하나 다시 잡아서 몸으로 데리고 오며, 이 과정을 '재흡수'라고 합니다. 재흡수 과정 덕분에 건강한 고양이의 소변에는 당이 없습니다.

그런데 혈액에 당이 너무 많을 경우에는 열심히 재흡수해도 미처 몸으로 흡수되지 못하고 소변으로 빠져나가는 당이 생겨납니다. 이 상태가 지속되

254

어 문제가 생기는 것이 당뇨병입니다.

당뇨병은 주로 인슐린이 부족하거나, 제 기능을 못 할 때 걸립니다. 인슐린은 혈액에 있는 당을 세포로 들여보내서, 혈액의 높아진 '당' 수치를 낮추는데 핵심적인 역할을 하는 호르몬입니다. 세포는 당을 에너지원으로 사용하기 때문에, 인슐린은 세포에게 밥을 먹여 주는 역할도 같이하는 셈입니다. 고양이 당뇨병은 인슐린이 기능을 제대로 하지 못해서 생기는 경우가 많습니다. 인슐린이 역할을 하지 못하면 세포들은 주위 혈액에 당이 많아도 사용할 수가 없습니다. 즉, 혈당 수치는 높아지는데 세포는 굶는 '풍요 속의 빈곤'이 발생합니다. 특히 비만 고양이 또는 갑상선기능항진증이나 신장 질환을 앓고 있는 고양이의 경우, 세포가 인슐린의 말을 듣지 않는 경향이 있습니다. 따라서 당뇨병의 발생 가능성이 높기 때문에, 다이어트 또는 신장 질환이나 갑상선기능항진증에 대한 진료도 필요합니다.

고양이가 당뇨병이면 어떤 증상을 보이나요?

당뇨병에 걸린 고양이가 주로 보이는 증상들입니다. 다른 질병에서도 흔히 보이는 증상들이 대부분이므로, 해당 사항이 있다면 동물병원에서 진료를 받아야 합니다. 가능하다면 고양이의 오줌을 5밀리리터 정도 받아서 동물병원에 가지고 가는 것도 좋습니다.

당뇨로 인해 대사 문제가 생기면 특히 '기운 없음', '식욕 감소', '입안의 점막이 마름' 등의 증상을 흔히 보입니다. 이런 증상을 보이면 가급적 빨리 동물병원에 가야 합니다.

체크리스트 중에서 '심하게 기운이 없음', '구토', '식욕 감소', '의식 불명' 증상을 고양이가 보인다면 응급 진료를 받아야 합니다.

- 체중이 줄었어요.
- 기운이 없어요.
- 물을 많이 마셔요.
- 식욕이 늘거나 주는 등 변화가 생겼어요.
- 털의 윤기가 떨어지고 거친 느낌이 나요.
- 구토를 해요. 입안의 점막이 말랐어요.
- 의식 불명 증상을 보여요.

당뇨병 고양이에게 해 줄 수 있는 것은 없을까요?

당뇨병은 섬세한 관리가 필요한 질병으로, 이를 위해선 수의사와 집사가 멋진 한 팀이 되어야 합니다. 가장 중요한 것은 동물병원에 정기적으로 가서 진료를 받는 것입니다. 고양이의 상태에 따라 인슐린의 종류, 용량 등을 조절해야 하므로 전문적인 판단이 꼭 필요합니다. 집사의 판단에 따라 임의로 인슐린의 양을 조절하는 것은 치료를 어렵게 만들 수 있습니다.

홈 모니터링도 정말 중요합니다. 당뇨병으로 진단을 받았다면, 다음의 사항을 주의해서 살펴보세요.

- 식욕의 변화

- 음수량

- 행동이나 활력의 변화

- 체중 변화

체중의 변화를 보다 정확히 평가하기 위해서, 반려동물용 체중계나 신생아 체중계를 준비하면 좋습니다. 체중을 기록해서 체중 변화 추이를 살펴보세요.

그리고 고양이가 당뇨병이면 항상 물을 충분히 챙겨줘야 합니다. 당뇨병에 걸린 고양이는 물을 많이 마시며, 또한 물을 마시지 못하면 금방 탈수 상태에 빠질 수 있습니다. 당뇨병이면 소변으로 당이 빠져나가는데, 그러면 바늘 가는 데 실 가듯이 물도 따라 나가게 되어 오줌의 양이 증가합니다(소변에 당이 많아지면 삼투압이 높아져서, 물이 소변으로 이동하게 됩니다). 몸에서 수분이 많이 빠져나가므로, 고양이는 물을 많이 마셔 수분을 보충합니다. 마실 물이 없다면 수분 보충이 어려워져서 쉽게 탈수에 빠질 수 있습니다.

혹시 사람이 갑자기 쓰러졌을 때, 그 사람의 손이나 주머니에 있는 사탕을 입에 넣어줬더니 기적처럼 깨어났다는 미담을 들어 보신 적 있으신가요? 당뇨로 관리 중인 고양이가 의식을 잃거나, 몸을 떨면서 쓰러졌다면, 일시적으로 혈액의 당 수치가 떨어진 것일 수 있습니다. 설탕물을 준비해서 조금씩 먹여 주거나 잇몸에 문질러 줍니다. 응급조치 후에는 동물병원에 가서 응급 진료를 받아야 합니다.

수의사가 묻는다

❗ 물을 많이 마시지는 않나요?

　물을 마시는 양은 24시간을 기준으로 평가합니다. 물을 마시는 횟수보다는 마시는 양이 중요합니다. 부피를 계량할 수 있는 컵이나, 바늘을 뺀 주사기(편의를 위해서는 50밀리리터 주사기가 좋아요) 등을 이용하면, 대략 측정할 수 있습니다. 물을 줄 때 얼마나 줬는지 측정(A)하고, 24시간 뒤에 남은 물의 양(B)을 측정해서, 이 둘의 차이(A)-(B)를 계산하면 24시간 동안 마신 물의 양을 구할 수 있습니다. 건강한 고양이는 몸무게kg×40~70밀리리터를 마시지만, 당뇨에 걸린 고양이는 몸무게kg×100밀리리터 이상으로 물을 많이 마시는 경우가 많습니다. 고양이가 몸무게kg×100밀리리터로 물을 많이 마신다면 당뇨병을 비롯한 질병이 있을 가능성이 높으므로 동물병원에서 진료를 받아야 합니다.

❗ 고양이에게 먹을 것은 어떤 걸 주시나요?

　탄수화물 함량이 많은 음식을 주면 당뇨병에 걸릴 확률이 높아집니다. 고양이가 당뇨병으로 진단받았다면 식이 관리에 노력해야 합니다. 우선 식사 중 탄수화물의 함량을 낮추는 것이 중요합니다. 탄수화물 함량이 12퍼센트 이하Dry Matter: DM 기준로 낮은 저탄수화물 식이를 줄 경우, 혈액의 당 수치가 잘 관리되고, 당뇨병 치료율도 높아집니다. 또한 섬유질이 많은 식이를 주는 것도 당뇨병 관리에 도움이 됩니다.

그리고 고양이가 비만이라면 다이어트에 도움이 되는 먹을 것을 줘야 합니다. 다만 다이어트 사료를 주었는데 오히려 고양이가 너무 잘 먹어서 살이 찌는 경우도 간혹 있습니다. 그러므로 체중 별로 적정 칼로리를 계산해서 다이어트에 맞게 일정한 양을 급여해야 합니다.

❗ 소변에서 악취가 나지는 않나요?

당뇨에 걸리면 소변에 세균의 먹을거리인 당이 있고, 또한 고양이 몸속은 따뜻하기 때문에, 방광은 세균이 번식하기에 좋은 환경이 됩니다. 당뇨병에 걸린 고양이의 13퍼센트 정도의 비율에서 세균성 방광염이 확인될 정도로 흔합니다. 따라서 고양이가 당뇨병이라면, 소변에서 악취가 나지는 않는지 체크해봐야 합니다. 평소보다 악취가 난다면 동물병원에서 진료를 받아야 합니다.

❗ 고양이가 서 있는 자세에 변화는 없나요?

당뇨병의 합병증으로 신경 증상이 나타나기도 합니다. 합병증이 나타나면 고양이가 발을 만졌을 때, 평소보다 유난히 싫어하거나 아파할 수 있습니다. 또한 그림처럼 서는 자세가 달라질 수도 있습니다. 신경 증상은 개선되기도 하지만, 영구적으로 돌아오지 않기도 합니다. 따라서 합병증이 발생하지 않도록 사전에 당뇨병을 잘 관리하는 것이 이상적이면서도 가장 효과적인 방법입니다. 이미 신경 증상이 발생했다면 동물병원에서 다른 원인도 고려한 진료를 받아야 합니다.

▲ 정상　　　　　　　　　　▲ 당뇨병으로 인한 신경 증상

>>> Summary

- 당뇨병은 각종 합병증을 동반할 수 있으므로 가정에서 잘 관리해 주는 것이 중요합니다.
- 비만 고양이는 당뇨병 발생 가능성이 높으므로, 평소에도 체중을 관리해야 합니다.
- 고양이가 당뇨병이라면 체중, 식욕, 음수량, 활력의 변화를 눈여겨봅니다.
- 당뇨병으로 치료 중인 고양이가 갑자기 의식을 잃거나 몸을 떨며 쓰러진다면 입에 설탕물을 묻혀 주고 동물병원에 즉시 데려가야 합니다.

우리 집 고양이는 돼냥이?

고양이 비만의 원인은?

뚱뚱한 길고양이를 본 적은 별로 없으시죠? 집고양이보다 생활 범위가 훨씬 넓고 먹이를 구하기 위한 활동량도 비교되지 않을 정도로 많기 때문입니다. 요즘 집고양이들은 어슬렁어슬렁 걸어가서 사료를 먹는 윤택함과 함께 살도 얻은 것이죠.

중성화수술도 크게 영향을 미칩니다. 수술 후에는 기초 대사량이 30퍼센트 정도 감소하기 때문에 기존 사료양의 70퍼센트 수준으로 사료의 양을 줄여야 하는데, 평소대로 자율급식을 하다 보면 점점 살이 붙게 되는 경우가 생기거든요. 또한 구애 활동이나 영역 표시 등 고유의 행동 특성들이 사라지면서 운동할 기회도 자연스럽게 줄어듭니다.

우리 고양이는 어떨까?

여러가지 방법이 있지만 갈비뼈와 허리 부근을 시각, 촉각을 이용하여 평가하는 것이 가장 쉽고 보편적인 방법입니다. 그림을 보며 우리 고양이의 상태를 진단해 볼까요?

- 1단계 마름

근육과 지방이 부족해 갈비뼈가 돌출되어 보이고 위에서 보았을 때 허리가 홀쭉하다.

- 2단계 정상

적당한 근육과 지방으로 갈비뼈가 덮여 있고 잘 만져진다. 허리와 엉덩이의 연결이 매끄럽다.

- 3단계 비만

갈비뼈를 만지기가 어렵고 허리가 어디인지 찾기가 힘들다.

비만 관리하기

- **식단 관리**

만약 자율급식을 하고 있다면 하루에 적당량을 정해서 2~3회 정도로 나누어 제한 급식을 하는 것이 도움이 됩니다. 또 칼로리가 낮으면서도 섬유질이 많아 포만감을 유지하는 다이어트용 사료로 바꿔주면 좋습니다. 간식은 최소한으로 줄이고 사람 음식은 절대 주지 않아야 합니다.

- **운동**

사람처럼 운동을 열심히 한다기보다는 평소 생활패턴을 바꿔준다는 개념으로 접근해 보세요. 가장 기본적이고 손쉬운 방법으로 캣타워를 설치해 줄 수 있는데, 높은 곳을 좋아하는 고양이의 특성상 위아래로 오르내리며 자연스럽게 운동할 수 있습니다. 밥그릇과 물그릇을 높은 곳에 두는 방법도 활용해 볼 만합니다.

장난감을 이용한 놀이는 살도 빼면서 스트레스도 풀 수 있는 아주 좋은 방안입니다. 기성품뿐만이 아니라 집에서 제작할 수 있는 고양이 장난감들도 인터넷에서 쉽게 찾아볼 수 있는데요, 투박해 보일지 몰라도 재미있게 가지고 노는 고양이를 보면 보람을 느낄 수 있답니다.

Chapter 12

전염성 질환

치사율 높은 공포의 질병

: 전염성 복막염

집사가 묻는다

💬 전염성 복막염은 보통 어떤 고양이들이 걸리나요? 증상은 어떠한가요?

　전염성 복막염은 보통 세 살 이하의 고양이, 그중에서도 특히 4~16개월 고양이에게 주로 발생합니다. 주로 야외에서 거주하는 고양이, 사육밀도가 높은 곳에서 온 고양이들이 전염성 복막염에 걸립니다.

　전염성 복막염은 크게 배에 복수와 같은 액체가 차는 형태(습식)와 액체가 차지 않는 형태(건식)가 있습니다. 액체가 차지 않는 건식 복막염 형태로 발생했다가 시간이 지나며 액체가 차는 습식 복막염 형태로 변하기도 합니다. 전염성 복막염 증상으로는 건식과 습식 모두에서 체중 감소, 발열, 식욕 감소, 기력이 없고 한쪽 구석에 숨어 있는 모습이 나타날 수 있습니다. 습식 복막염에서 복수가 차면 배가 부풀고 아래로 늘어질 수 있고 흉수가 차면 숨 쉬는 것을 힘들어할 수 있습니다. 건식 복막염에서는 신장, 간, 눈, 신경계 등 몸의 여러 장기에 염증 세포가 쌓여서 덩어리가 생길 수 있습니다. 눈에 염증 덩어리가 쌓이면 하얀 점으로 보이기도 합니다. 전염성 복막염의 영향을 받은 장기들이 제대로 기능하지 못하면 관련된 증상이 함께 나타날 수 있습니다. 예를 들어, 간이 영향을 받으면 황달이 나타날 수 있고 뇌나 척수 같은 신경계가 영향을 받으면 신경 증상이 나타나기도 합니다.

🐾 전염성 복막염은 어떻게 진단되나요?

전염성 복막염 바이러스는 가벼운 설사 증상을 일으키는 코로나 바이러스가 돌연변이를 일으켜 나쁘게 변한 형태입니다.

아직 가벼운 설사를 일으키는 코로나 바이러스와 전염성 복막염을 일으키는 바이러스를 완벽히 구별할 수 있는 검사가 없기 때문에 전염성 복막염을 정확히 진단하는 것은 매우 어렵고, 동물병원에서는 수의사가 고양이의 증상과 여러 가지 검사결과를 종합적으로 고려해서 전염성 복막염을 진단하고 있습니다.

먼저 문진과 신체검사를 통해 고양이의 전반적인 상태를 평가합니다. 이 과정에서 전염성 복막염이 의심된다면, 엑스레이를 찍은 후 초음파 검사를 진행하여 전염성 복막염을 의심할 만한 다른 증거가 있는지 살펴봅니다. 이 때 만약 흉수나 복수가 확인된다면 흉수 혹은 복수에 대한 추가적인 검사를 할 수도 있습니다.

그 외 코로나 바이러스를 검사하는 바이러스 키트 검사도 있습니다. 하지만 키트 검사로는 고양이가 코로나 바이러스에 노출된 적이 있었는지만 알 수 있고, 현재 고양이가 코로나 바이러스를 가지고 있는지, 그 바이러스가 나쁜 전염성 복막염 바이러스인지를 확인할 수는 없습니다. 코로나 바이러스 감염은 길냥이에서 70~80퍼센트 정도로 상당히 흔하므로 키트 검사에서 양성이 나온 것만으로는 전염성 복막염으로 진단할 수 없죠. 코로나 바이러스 키트 검사에서 양성이 나온 경우 조금 더 정확한 검사법으로 현재 코로나 바이러스를 가지고 있는지 확인하는 검사PCR를 할 수 있습니다. 그러나 이 검사 역시 코로나 바이러스와 전염성 복막염 바이러스를 확실하게 구분하지는 못합니다. 따라서 전염성 복막염의 최종 진단은 수의사의 종합적인 판단으로 내려지게 됩니다.

전염성 복막염에 걸린 고양이는 얼마나 더 살 수 있나요? 고양이를 위해서 해 줄 수 있는 것은 없을까요?

일단 고양이가 전염성 복막염 진단을 받았다면 예상되는 생존 기간은 증상이 나타나고 액체가 차는 경우에는 1개월 내외, 액체가 차지 않는 경우에는 잘 관리하면 6개월 정도입니다. 하지만 일부 보고에 따르면 간혹 2년 이상 생존한 경우도 있습니다.

집사가 우선적으로 해 줄 것으로는 스트레스를 줄이는 것입니다. 스트레스는 전염성 복막염을 악화시키는 중요한 요소이기 때문입니다. 집 안 환경을 너무 덥거나 춥지 않게 유지해 주시고, 집에 있는 다른 고양이가 아픈 고양이를 괴롭힌다면 격리해야 합니다. 또한 고양이가 질병을 잘 견뎌 내기 위해서는 잘 먹어야 합니다. 전염성 복막염의 경우 식욕이 기본적으로 떨어져 있기 때문에 고양이가 평소 좋아했던 음식 위주로 챙겨줍니다. 습식 사료를 좋아하는 고양이에게는 습식 사료를 뜨겁지 않을 정도로 데워 주면 냄새로 인해 고양이의 식욕을 더욱 돋우어 줄 수 있습니다.

수의사가 묻는다

❗ 같이 키우는 고양이가 있나요?

설사를 일으키는 코로나 바이러스는 전염이 되지만, 복막염을 일으키는 변한 형태의 바이러스는 전염이 거의 되지 않습니다. 전염성 복막염이라는 이름이 붙게 된 것은 과거에 이 바이러스에 대한 이해가 부족했을 때 많은 고양이를 밀집하여 키우는 사육 환경에서 전염성 복막염의 발생 빈도가 높아 전염성 질병으로 잘못 알려졌기 때문입니다.

하지만 코로나 바이러스가 변해서 전염성 복막염 바이러스가 되기 때문에 코로나 바이러스에 노출되지 않게 하면 전염성 복막염 예방에 도움이 됩니다.

코로나 바이러스의 전염은 주로 감염된 고양이의 침과 변을 통해서 이루어지므로 여러 고양이를 키우는 환경에서 코로나 바이러스나 전염성 복막염에 걸린 고양이가 있다면 고양이 화장실과 식기를 세정제로 깨끗하게 소독하면 좋습니다. 코로나 바이러스는 세정제로 소독하면 쉽게 없앨 수 있어 전염 가능성이 낮아집니다.

>>> Summary

- 전염성 복막염은 세 살령 이하에서 잘 생기고, 증상으로는 갑작스러운 체중 감소, 발열, 식욕이 없는 모습을 보입니다.
- 여러 마리의 고양이를 키운다면 식기와 화장실을 깨끗이 관리하는 것이 코로나 바이러스 전염을 예방하는 데 도움이 됩니다.
- 전염성 복막염을 진단받은 고양이는 스트레스를 최대한 덜 받도록 해 줍니다.

신혼부부는 고양이를 키우면 안 된다?

: 톡소플라즈마 감염증

 집사가 묻는다

신혼부부가 고양이를 키우면 안 된다는 이야기는 왜 나온 거죠?

사람들이 본격적으로 톡소플라즈마Toxoplasma gondii에 관심을 두게 된 계기는 2012년에 보도된 뉴스 기사였습니다. 이 기사에서 유산을 포함한 톡소플라즈마 감염 증상에 대해 나열하며 사람이 톡소플라즈마에 감염되는 이유가 마치 고양이 때문이라는 뉘앙스를 뿜었기 때문입니다. 이런 소문이 퍼지고 퍼져서 '신혼부부는 고양이를 키우면 안 된다'라고 사람들이 믿게 되었습니다. 심지어 톡소플라즈마를 '고양이 기생충'으로 부르는 경우도 있습니다.

☁ 사람들이 소문을 믿게 된 이유가 있지 않을까요?

    톡소플라즈마가 굳이 고양이 기생충이라고 알려진 이유는 이 기생충이 성충으로 성장할 수 있는 유일한 동물이 고양잇과 동물이기 때문입니다. 사람을 포함한 동물 대부분이 톡소플라즈마에 감염될 수 있는데 고양이를 제외한 동물에서는 톡소플라즈마가 단지 알의 상태로 근육 내에 존재할 뿐입니다. 하지만 고양이에게 감염된 톡소플라즈마는 성충으로 성장하여 분변으로 배출되어 전파될 수 있습니다. 이렇게 배출된 톡소플라즈마는 태반을 통해 태아에 감염되어 유산을 일으킬 수 있어서 소문은 더욱 신빙성을 얻게 되었습니다.

☁ 그렇다면 임신했을 때 고양이를 키우는 일은 정말 위험한 것 아닌가요?

    결론부터 말하면, 고양이를 키운다고 톡소플라즈마에 감염될 가능성은 매우 희박합니다. 톡소플라즈마의 주요 감염 경로는 생식인데요, 톡소플라즈마가 존재하는 돼지고기나 소고기를 익히지 않고 먹거나 톡소플라즈마에 오염된 흙 또는 물이 남아 있는 채소를 씻지 않고 먹는 경우 등이 가장 흔합니다. 고양이를 통한 톡소플라즈마 감염은 거의 일어나지 않으며 실제로 우리나라에서 아직 고양이에 의한 유산이 단 1건도 보고되지 않았습니다.

    고양이를 통한 톡소플라즈마 감염이 거의 불가능한 이유를 좀 더 자세히 알아보면 다음과 같습니다.

집에서만 활동하는 고양이가 톡소플라즈마에 노출될 확률은 매우 낮습니다

보고된 사례가 있는 미국이나 동유럽 등과는 다르게 우리나라 토양에는 톡소플라즈마가 거의 존재하지 않습니다.

만약 고양이가 톡소플라즈마에 노출되더라도

한 번 노출되면 수주 뒤에 항체가 생성되면서 내성이 생기기 때문에 더 이상 분변으로 배출하지 않습니다. 그러므로 항체가 생기기 전 몇 주와 임신 초기가 시기적으로 겹쳐야만 가능합니다.

만약 고양이가 톡소플라즈마에 감염된 시기가 임신 기간과 겹치더라도

톡소플라즈마가 병원성이 강해지기 위해서는 배설된 고양이 변에서 24시간이 지나야 하는데 보통은 그 전에 청소 당합니다.

만약 고양이 변이 남아 있더라도

손으로 톡소플라즈마가 있는 변을 집어 먹을 때 감염 확률이 10퍼센트 정도입니다. 보통은 고양이 화장실을 청소할 때 도구를 이용하고, 만약 손으로 처리했더라도 손을 깨끗이 씻으면 감염 확률은 없다고 보아도 무방합니다.

❗ 혹시 임신 계획이 있으신데 고양이가 톡소플라즈마에 감염되었을까 봐 걱정되시나요?

동물병원에서 분변검사와 혈액검사를 통해 고양이가 톡소플라즈마에 감염되었는지 확인해 볼 수 있습니다. 고양이에게 주기적으로 구충제를 먹여 주신다면 톡소플라즈마에 대해 걱정하지 않으셔도 괜찮습니다. 그래도 걱정이 된다면 만약을 위해서 임산부가 있는 집에서는 고양이를 집 밖으로 나가지 않게 하고 임산부가 아닌 다른 사람이 장갑과 마스크를 끼고 고양이 화장실을 자주 청소하면 좋습니다. 또 임신 기간에는 사람과 고양이 모두 날고기를 먹지 않아야 합니다.

❗ 아기와 고양이를 함께 키우면 좋다는 사실을 아시나요?

아기와 고양이가 교감하며 두뇌발달에 자극이 되고, 함께 소통하는 과정에서 사회성을 기를 수 있습니다. 또 고양이와 함께 자란 아기에게서 아토피나 천식과 같은 알레르기 질병의 발생이 적은 것으로 보고되어 있습니다. 고양이와 함께 사는 것은 아기뿐만 아니라 부모의 정서적 안정에도 크게 도움이 됩니다.

>>> Summary

• 신혼부부는 고양이를 키우면 안 된다는 소문은 톡소플라즈마를 분변으로 배출하는 유일한 동물이 고양이라서 때문에 생긴 오해입니다.
• 실제로 고양이를 통한 사람의 톡소플라즈마 감염은 국내에서 보고된 사례가 단 한 건도 없을 정도로 가능성이 매우 희박합니다.
• 고양이의 톡소플라즈마 감염 여부를 확인하고 몇 가지 생활습관을 개선한다면 임산부가 고양이와 함께 생활하는 것은 전혀 문제 될 것이 없습니다.

어린 고양이에게 치명적인 질환

: 고양이 범백혈구 감소증

집사가 묻는다

💬 고양이 범백혈구 감소증이 무엇인가요?

고양이 홍역으로도 불리는 고양이 범백혈구 감소증feline panleukopenia은 혈액 내 백혈구 수치가 줄어드는 것을 말합니다. 백혈구란 우리 몸에서 방어 기능을 담당하는 면역 세포인데요. 이 숫자가 줄어들면 면역력이 약해지면서 감염에 쉽게 취약해집니다. 고양이가 건강할 때는 거뜬하게 이겨낼 수 있는 세균이나 바이러스 감염도 범백혈구 감소증이 있을 때는 고양이를 치명적으로 위험한 상태에 빠뜨릴 수 있죠.

범백혈구 감소증은 고양이가 파보 바이러스에 감염되어 생깁니다. 이 바이러스에 감염된 고양이는 오줌, 변, 콧물을 포함한 체액을 통해 1~2일 동안 바이러스를 배출하는데, 고양이가 완전히 회복된 후에도 최대 6주까지는 체액을 통한 바이러스 배출이 지속합니다. 이렇게 배출된 바이러스는 바로 없어지지 않고 그 환경에 1년 이상 머물 수 있습니다. 머무는 바이러스가 다른 고양이의 입을 통해 체내로 들어가면 그 고양이에게로 다시 바이러스 감염이 이루어지게 됩니다.

고양이가 범백혈구 감소증에 걸렸을 때 어떤 증상을 보이나요?

파보 바이러스가 고양이의 체내에서 주로 공격하는 곳은 백혈구를 만드는 골수와 소화기관인 소장입니다. 골수와 소장이 망가짐에 따라 고양이는 심한 기력 저하를 보이고, 혈액이 섞인 설사를 하는 것이 주된 증상입니다. 또한 고양이가 열이 나며 식욕이 떨어지고 구토, 빈혈, 체중 저하 및 털의 윤기 감소와 같은 다른 증상들을 동반할 수도 있습니다. 이러한 증상들은 매우 빠르게 진행되기 때문에 고양이의 상태가 급격히 나빠집니다. 질병의 진행 속도가 빠른 만큼 고양이가 특별한 증상을 보이지 않고 바로 급사하는 경우도 있습니다. 파보 바이러스는 면역력이 약한 어린 고양이에게 잘 감염되는데, 어린 고양이는 설사로 인해 쉽게 탈수 상태가 되고 기력 저하가 더욱 심하게 유발됩니다. 따라서 어린 고양이에게 감염되면 치사율이 90퍼센트에 이를 만큼 높고, 특히 5개월령 이하의 고양이가 범백혈구 감소증에 걸렸을 경우 치사율이 가장 높다고 알려져 있습니다.

임신한 고양이가 파보 바이러스에 감염되면 유산되거나, 태아의 소뇌와 심장근육에 문제가 생깁니다. 소뇌는 몸의 균형 감각을 담당하는 뇌의 일부이므로 이 부분이 망가질 경우 새끼 고양이는 평생 똑바로 걷지 못하고 근육이 심하게 떨리는 증상을 보일 수 있습니다.

범백혈구 감소증은 어떻게 치료하나요?

동물병원에서는 고양이의 심한 설사로 인해 유발된 탈수를 해결하고 설사, 구토 증상을 완화하기 위한 처치가 진행됩니다. 이러한 처치는 질환이 나을 때까지 계속해야 해서, 고양이는 동물병원에 입원하여 지속적인 치료를 받는 것이 일반적입니다. 하지만 이런 치료들은 고양이가 체내 면역력이 회복되어 질환을 잘 이겨낼 수 있도록 도와주는 것이며, 파보 바이러스 감염 자체에 대한 특정한 치료법은 없습니다.

수의사가 묻는다

고양이 백신은 잘 해 주나요?

범백혈구 감소증에 걸리는 고양이들은 백신을 접종하지 않은 경우가 많습니다. 따라서 집사님들이 고양이에게 백신만 잘 해 주고 있다면 이 질환은 충분히 예방할 수 있습니다. 약 6~9주령 때부터 고양이에게 백신을 해 주고, 임신 계획이 있는 고양이라면 그 전에 미리 백신을 해 주면 좋습니다. 이 질환은 증상의 진행속도가 빠르고 특정한 치료법이 없는 만큼, 예방이 고양이를 위한 최우선의 방법입니다.

❗ 여러 마리의 고양이를 키우시나요?

파보 바이러스는 한 번 환경에 노출되면 아무리 닦고 소독해도 잘 사라지지 않으며 최대 1년 이상 머물러 있습니다. 따라서 여러 마리의 고양이를 키운다면, 한 마리만 파보 바이러스에 감염되어도 전체 고양이들이 위험해집니다. 모든 고양이에게 꼭 백신을 접종해야 하며 만약 일부 고양이가 파보 바이러스에 감염되었다면 감염된 고양이를 즉시 격리 조치하여 다른 고양이에게 더 이상의 감염이 이루어지지 않게 해야 합니다. 감염된 고양이가 있었던 위치는 락스와 물을 1:32 정도로 희석하여 모두 깨끗이 소독해야 합니다. 감염된 고양이가 쓰던 물건 역시 같은 방법으로 소독하거나 버려야 안전합니다.

만약 여러 마리의 고양이 말고도 개와 함께 사는 경우에도 주의해야 합니다. 파보 바이러스에는 고양이 파보 바이러스와 개 파보 바이러스가 있으며, 고양이 파보 바이러스는 고양이에게만 감염되지만 개 파보 바이러스는 개와 고양이 모두에게 감염될 수 있습니다. 따라서 개나 고양이가 파보 바이러스에 감염되었다면, 어떤 종류의 바이러스에 감염되었는지 알지 못하는 상태이므로 일단 즉시 감염된 개 또는 고양이를 격리 조치하고 철저히 소독해야 합니다.

>>> Summary

- 고양이 범백혈구 감소증은 파보 바이러스에 감염되어 생기며 어린 고양이에게 급사를 유발하는 치명적인 질환입니다.
- 고양이 범백혈구 감소증의 주된 증상은 심한 기력 저하와 혈액이 섞인 심한 설사이며 고양이가 갑자기 그리고 빠르게 상태가 악화됩니다. 따라서 이러한 증상을 보일 경우 즉시 동물병원에 데려가야 합니다.
- 고양이의 백신 접종을 통해 범백혈구 감소증을 예방할 수 있습니다.

고양이 혈액검사지 BASIC

혈액검사 결과지 해석은 생각만큼 간단하지 않습니다. 각 검사 항목의 수치 변화를 일으킬 수 있는 요인들이 상당히 많고, 아픈 동물의 상태를 종합적으로 고려해서 판독하는 것이 중요하기 때문입니다. 수의과대학에는 혈액검사 결과를 해석하는 과목과 전공이 따로 있을 정도로, 검사 결과를 제대로 알려면 많은 공부와 전문성을 기르기 위한 훈련이 필요합니다. 이 파트는 'BASIC'이라는 제목에서 느껴지듯이 궁금증 해소를 위해 혈액검사 기본 내용을 간략히 살펴보는 것을 목표로 합니다.

여기에 나온 정보만으로 고양이의 상태를 판단하면 잘못된 결과로 귀결될 수도 있다는 것을 염두에 두세요.

WBC

백혈구 수치입니다. 백혈구는 침입한 세균 등의 감염체와 싸워서 몸을 지키는 역할을 합니다. 염증이 있을 때 수치가 올라갈 수 있습니다. 드물게 백혈구 관련된 질병이 있을 때 수치가 올라가기도 합니다.

HCT Hematocrit 또는 PCV

적혈구가 혈액에서 얼마나 많은 비율을 차지하는지 알려 주는 지표입니다. 빈혈이 생기면 이 수치가 낮아질 수 있습니다.

PLT Platelet

혈소판과 관련된 항목입니다. 혈소판이 부족하면 PLT 수치가 낮아집니다. 혈소판이 줄어들면 혈액 응고가 잘 되지 않을 수 있습니다.

ALT, AST, ALP, GGT

간과 관련된 항목입니다. 간에 손상이 있을 때 이 항목들의 수치가 증가합니다.

BUN, CREA Creatinine

신장과 관련된 항목입니다. 신장에 손상이 있을 때 이 항목들의 수치가 증가합니다.

GLU Glucose

혈액 중 당 수치와 관련된 항목입니다. 당뇨병이 있거나 고양이가 일시적으로 스트레스를 받았을 때 증가할 수 있습니다.

부록

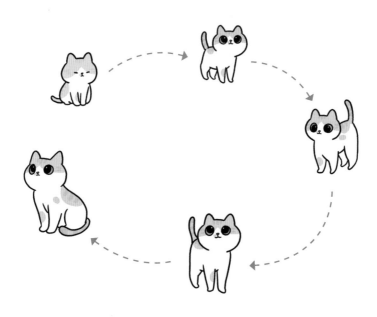

+ 새끼 고양이 시기 (생후~6개월)

질병 예방, 검사

- 내부 기생충 감염 여부 확인을 위해 0~1세 기간 중 2~4회의 분변 검사를 추천합니다.

- 백신접종을 시작하세요. 생후 6~8주령에 첫 접종 후 3~4주 간격으로 허피스바이러스, 칼리시바이러스, 파보바이러스에 대한 예방접종을 합니다. 12~16주령 사이에 광견병 백신을 합니다. 심장사상충 예방도 시작해 주세요. 외출 고양이 또는 앞으로 고양이 백혈병 바이러스를 가진 고양이와 접촉할 가능성이 있는 새끼 고양이의 경우 고

양이 백혈병 바이러스 백신 또한 필요합니다. 하지만 이미 백혈병 바이러스 양성이거나 백혈병 바이러스를 가진 고양이와 절대 접촉할 가능성이 없는 실내 고양이는 백혈병 바이러스 백신이 필수적이지는 않습니다.

- 유치가 빠지고 영구치가 나는 시기이니 잘 살펴주세요.
- 품종에 따른 유전병 여부 및 특히 더 신경 써야 하는 건강 관리 항목이 있는지 알아두세요.
- 중성화 수술에 대해 고민하고 장단점을 파악하여 수술 여부를 결정해 주세요.

행동, 환경, 교육

- 사냥 놀이를 할 수 있는 적절한 장난감으로 충분히 놀아 주세요.
- 어미 고양이나 형제 고양이들과의 상호작용을 통해 사회화가 이뤄지는 시기이며 다른 동물이나 사람과도 함께 살아가는 방법을 배우는 시기입니다.
- 이동장으로 이동하는 것과 동물병원에 가는 연습을 해서 동물병원 방문에 익숙해지도록 도와주세요.
- 앞으로의 치아관리를 위해 칫솔질에 익숙해지는 연습을 시작합니다.
- 적합한 크기의 화장실과 고양이가 선호하는 재질의 모래를 사용하여 화장실 사용에 익숙해지도록 도와주세요.

+ 캣초딩 시기(7개월~2년령)

질병 예방, 검사

- 만약 아직 중성화 수술을 하지 않았다면 중성화 수술을 해 주세요.
- 건강에 큰 문제가 없는 경우에도 건강검진을 통해 건강한 상태의 기본 정보 (체중, 혈액 검사 결과, 요검사 결과, 흉부 엑스레이)를 수집해 놓는 것은 미래에 도움이 됩니다.

- 백신 보강접종을 실시하고 항체가검사를 통해 항체가 충분히 생겼는지 확인하세요.

행동, 환경, 교육

- 입, 귀, 발을 만지는 데 익숙해지도록 훈련을 지속해 주세요.
- 고양이의 몸집이 커짐에 따라 적절한 크기의 화장실로 바꾸어 주세요.
- 체중 변화를 확인하고 적절한 몸 상태가 유지될 수 있도록(너무 뚱뚱하거나 마르지 않게) 사료 급여량을 조절해 주세요.

+ 청년 고양이 시기(3년~6년령)

질병 예방.검사

- 고양이 인생의 황금기라고 할 수 있는 시기입니다. 건강한 고양이들은 동물병원에 거의 방문하지 않게 되는 시기이기도 하죠. 하지만 주기적인 건강검진을 통해 혹시 모를 질병을 조기에 발견할 수 있고 건강한 상태의 기본 정보를 모을 수 있으므로 1년에 1~2회의 건강검진을 추천드립니다.
- 주기적인 백신 보강접종과 항체가검사를 통해 백신으로 예방할 수 있는 전염병에 대한 방어력을 유지해 주세요.

행동, 환경, 교육

- 고양이의 체중 관리와 삶의 질을 위해 다양한 놀잇거리로 자주 놀아 주세요.
- 적절한 체중을 유지할 수 있게 사료 급여량을 조절해 주세요.

+ 성숙 고양이 시기 (7년~10년령)

질병 예방, 검사

- 성숙 고양이 및 노령 고양이 시기에는 이전 시기에 비해 건강 관리를 위해 더 많은 관심과 노력이 필요합니다. 연 2회의 주기적인 건강검진을 추천드립니다. 기본 신체검사, 혈액검사, 요검사 및 흉부 엑스레이 검사를 통해 기본적인 건강상태에 대한 파악을 할 수 있습니다.
- 백신 보강접종을 주기적으로 해 주시고 항체가검사를 통해 전염병에 대한 방어력이 유지되고 있는지 확인해 주세요.

행동, 환경, 교육

- 고양이가 잠을 자는 시간이 늘거나 활동량이 감소할 수 있습니다. 이러한 변화들은 나이가 들어가면서 나타나는 자연스러운 변화일 수 있지만 질병으로 인한 변화일수도 있으니 잘 살펴주세요.
- 고양이가 화장실, 휴식을 취할 수 있는 고양이만의 장소, 음식에 좀 더 쉽게 접근할 수 있도록 환경을 고양이에 맞게 바꾸어 주세요. 나이든 고양이들은 관절염 등으로 높은 곳에 올라가는 것을 힘들어 할 수 있습니다.
- 적정 체중을 유지할 수 있도록 사료 급여량에 신경을 써 주세요.

+ 노령 고양이 시기(11년~)

질병 예방, 검사

- 주기적인 건강검진은 노령 고양이에서 특히 더 중요합니다. 연 2회 이상 건강검진을 추천합니다.

- 여러가지 보조제가 건강 관리에 도움이 될 수 있습니다. 수의사와의 상담을 통해 고양이에게 도움이 될 수 있는 보조제를 챙겨 주세요.
- 백신 보강접종을 주기적으로 해 주시고 항체가검사를 통해 전염병에 대한 방어력이 유지되고 있는지 확인해 주세요.
- 나이든 고양이에서는 종양이 잘 생길 수 있습니다. 몸에 갑자기 덩어리가 생기거나 만져지는 경우 꼭 검사를 받아보시기 바랍니다.
- 치아나 구강 상태를 잘 살펴주세요. 나이든 고양이에서 구강 종양이나 구내염 등이 잘 생기므로 갑자기 먹는 것을 힘들어 하는 경우 문제가 생긴 것일 수 있습니다.
- 진행성 질병이나 완치가 불가능한 질병이 있는 경우 남아 있는 삶의 기간 동안 삶의 질을 유지할 수 있도록 수의사와 상담을 통해 치료 방향을 결정하세요.

행동, 환경, 교육

- 사료, 물, 화장실, 휴식할 수 있는 장소에 고양이가 쉽게 접근할 수 있도록 환경을 바꾸어 주세요. 화장실의 문턱 높이를 낮추거나 높은 곳에 올려둔 물그릇을 낮은 곳으로 위치를 옮겨 주세요. 고양이가 휴식을 취하기를 좋아하는 곳이 높은 곳에 있다면 좀 더 쉽게 올라갈 수 있도록 보조 계단을 더 놓아 주세요.
- 나이가 많이 든 고양이는 사람의 치매와 같이 인지 능력 장애가 생길 수 있어요. 이전과 행동이 다른 경우 주의해서 살펴봐 주세요.

| 고양이 마음 이해하기 |

고양이가 도대체 무슨 생각을 하고 있는지, 집사를 어떻게 인식하는지 너무나도 궁금하지만 고양이에게 물어볼 수는 없습니다. 하지만 우리가 알아채지 못하고 있을 뿐 고양이는 온갖 수단을 동원해서 보호자와 대화하기를 시도하고 있는데요, 그렇다면 고양이 마음 번역기에는 어떤 것들이 있을까요?

+ 자세

자세로 낯선 상대방을 어떻게 생각하고 있는지가 드러납니다. 자기방어를 위해 허리를 높이 올려 몸이 최대한 커 보이도록 자세를 취하기도 하고, 전투태세에 돌입한 고양이라면 부푼 꼬리를 올리고 공격할 틈을 찾기도 합니다. 자신이 약자라고 생각될 때는 몸을 낮추고 웅크립니다.

자기방어   약자

꼬리로도 고양이의 마음을 읽을 수 있습니다. 꼬리를 위로 세우는 것은 상대에게 친밀감을 느끼는 것이지만 꼬리를 내리거나 심지어 다리 사이에 말아 넣는다면 큰 공포감에 빠진 상태입니다. 꼬리를 흔들어서 반가움을 표현하는 강아지와 달리 고양이가 꼬리를 빠르게 흔드는 것은 심기가 매우 불편하다는 표현입니다.

친밀감   공포

귀도 고양이의 기분을 나타내고 있는데, 별다른 일 없이 평온한 상태에 있을 때는 귀가 평범하게 서 있지만 기분이 좋지 않을 때는 귀가 양쪽으로 벌어지게 되며 경계심 혹은 공포심을 느낄 정도라면 옆으로 눕게 됩니다. 반면에 귀를 쫑긋 세운 채 안쪽 면이 정면을 향하고 있다면 지금의 상황에 흥미를 느끼고 있다는 표현입니다.

고양이의 다양한 행동은 집사와 소통하기 위한 몸짓입니다. 고양이가 조심스럽게 다가온다면 검지를 살짝 내어 보세요. 고양이가 코를 대고 냄새를 맡으며 나에게 인사를 건넬 것입니다. 이어서 꼬리를 들고 엉덩이를 보여 주며 자신에게 인사하는 것을 허락해 준

| 공포 | 평온 | 흥미 |

다면 고양이와 친구가 된 것입니다. 몇 차례 인사를 나누고 어느 정도 우정을 쌓은 후에는 집사의 손이나 다리 등에 얼굴과 몸을 문지르며 애교를 피우는 귀여운 모습을 볼 수 있는데요, 사실 이러한 행동은 자신의 냄새를 묻히면서 자신의 영역이라는 표시를 하는 것이지만 신뢰하지 않는 상대에게는 하지 않는 행동이므로 기쁘게 받아들이면 됩니다. 또 고양이는 친밀감을 느끼는 상대와 눈을 마주치기 때문에 고양이와 서로 눈을 바라보며 지낼 수 있다면 친한 사이가 되었다고 생각해도 좋습니다.

| 여행을 떠나요~ 근데 고양이는? |

+ 고양이와 함께 가는 것이 좋을까?

자신만의 고유한 영역에서 벗어나는 순간 불안함을 느끼고 심각한 스트레스를 받는 고양이에게 여행은 일종의 공포로 다가올 수 있습니다. 또 여행지에서 처할 수 있는 위험한 상황들, 이를테면 무언가에 놀라 멀리 도망가서 돌아오지 못하거나 길고양이들과의 접촉으로 전염병이 옮게 될 가능성도 무시할 수 없기 때문에 고양이의 안위를 위해서라도 낯선 여행지에는 데려가지 않는 것이 현명한 선택입니다.

+ 2박 3일 이내의 짧은 여행이라면?

고양이는 상대적으로 독립성이 강한 동물이기에 기본적인 사항이 충족된다면 하루 이틀 정도는 혼자 두어도 크게 스트레스를 받지 않는 경우가 많습니다.

사료 급여 방법은 고양이의 성격에 따라 정해야 하는데요, 알아서 조금씩 나눠 먹는 고양이라면 충분한 양을 그릇에 담아 두면 되지만 주는 대로 다 먹어버리며 식탐을 뽐내는 고양이라면 일정한 간격에 맞춰 자동으로 급식해 주는 제품을 구매해서 사용하면 좋습니다.

물도 충분히 준비해 두면 좋은데, 한 그릇에 가득 담기보다는 여러 그릇으로 나누면 위생상으로도 좋고 고양이가 그릇을 엎어버리는 상황에도 어느 정도 대비할 수 있습니다.

화장실도 깨끗한 상태로 두 개 이상 배치해야 합니다.

아무리 고독을 즐기는 생명체라고는 하지만, 혼자 방치되는 시간이 너무 길어지다 보면 스트레스를 받을 수밖에 없고 예상치 못한 불상사가 생길 수 있기 때문에 보호자를 대신해 고양이를 보살펴줄 사람이 필요합니다.

지인에게 부탁하기

믿을 수 있는 지인에게 고양이를 부탁하는 것이 가장 좋은 방법입니다. 하루에 한 번 이상 집에 들러서 정해진 양만큼의 사료를 급여해 주고 맑은 물로 갈아 주며 화장실 모래도 정리해 주어야 합니다. 또 하루에 10분 이상 고양이와 함께 놀아줄 수 있다면 더욱 좋습니다.

호텔에 맡기기

다소 비용이 많이 드는 방법이지만 고양이 전문 호텔이나 동물병원에서 운영하는 호텔을 이용할 수도 있습니다. 친구에게 추천을 받거나 수의사와 상담하여 맡길 곳을 정하고 사전에 방문해서 고양이에게 적합한 장소인지 판단하면 좋습니다. 고양이가 낯선 환경에 스트레스를 받게 되므로 익숙한 냄새를 맡을 수 있는 담요나 장난감 등을 함께 맡기면 적응하는 데 도움이 됩니다.

| 너! 나의 동료가 돼라! |

+ 고양이끼리 소개하기

고양이의 성격이나 환경에 따라 수주에서 수개월이 걸릴 수 있습니다. 인내심을 가지고 천천히 진행하되, 공격성을 보인다면 전 단계로 돌아가서 다시 준비해야 합니다.

1 집 안에 밥그릇과 물그릇, 잠자리, 화장실 등이 준비된 둘째 고양이만의 공간을 마련합니다. 고양이가 새로운 집에 서서히 적응할 수 있도록 안식처를 제공함과 동시에 집사가 알지 못하는 병이 있더라도 기존의 고양이에게 전염시키는 것을 방지할 수 있습니다.

2 대면하기 이전에 냄새로 서로에게 익숙해지는 것이 바람직합니다. 고양이 잠자리에 있는 쿠션이나 담요를 서로 바꾸어 주는 것으로 시작해서 방을 바꿔서 생활하는 과정까지 열흘 이상에 걸쳐 서서히 진행해야 합니다.

3 문을 조금만 열고 서로를 바라볼 수 있게 해 줍니다. 서로의 모습에 적응하면 새로 온 고양이를 조심스럽게 방 밖으로 데리고 나와서 집 안을 탐색할 수 있도록 해 주세요. 만약의 사태에 대비하기 위해 첫째 고양이는 이동장 안에 넣어두는 것이 좀 더 안전한 방법입니다.

4 서로 공격성을 보이지 않는다고 판단되면, 어린아이들과 마찬가지로 깃털이나 레

이저 등으로 함께 놀면서 벽을 허물면 됩니다. 놀이의 끝을 간식과 칭찬으로 마무리하면 더할 나위 없는 행복한 순간으로 기억하겠죠?

주의할 점은?

고양이 사이에서도 서열이 분명히 존재하기 때문에 우위에 있는 고양이가 더 높은 자리를 차지하거나 먼저 식사를 하는 등의 모습을 보일 수 있는데요, 집사는 그들의 질서를 존중해 주면 됩니다. 간혹 사이좋던 고양이들이 갑자기 싸우기 시작했다면 건강에 문제가 있는 것은 아닌지, 갑작스러운 환경에 변화가 있지는 않았는지, 발정기가 오지는 않았는지 등을 확인하여 적절한 조치를 해야 합니다.

+ 강아지와 고양이 함께 생활하기

강아지와 고양이는 앙숙이라는 느낌이 강한데요, 위와 같은 순서로 서로를 소개하되 상대적으로 스트레스를 더 받는 동물은 고양이라는 점을 항상 염두에 두어야 합니다. 강아지의 행동이 고양이에게 위협적으로 느껴질 수 있기 때문에 강아지와 고양이가 친해지기 전에는 목줄을 사용해서 강아지가 고양이에게 갑자기 달려들지 않도록 해야 합니다. 또한 강아지가 별다른 행동 없이 집 안을 돌아다니는 모습을 고양이가 안전한 장소에서 지켜보게 하면서 공격성이 없음을 확인시켜 줄 필요가 있습니다.

단행본 특전

초보 집사의 매뉴얼

고양이와 함께 살 환경 만들기

>> 꼭 확인해야 할 사항

- 함께 사는 사람들이 모두 집사가 되는 것에 동의하여야 한다.
- 함께 사는 사람들이 고양이 알러지가 있는지 미리 확인해야 한다.
- 고양이를 키울 수 있는 주거 환경이어야 한다.
- 집을 오랫동안 비우는 일이 많지 않아야 한다.
- 고양이의 평균 수명은 16년이다. 고양이의 일생을 함께 할 수 있어야 한다.
- 고양이에게 들어가는 비용은 10년 기준 평균 1,000~1,500만 원이며 고양이가 아프면 더 많은 비용이 들어갈 수 있다는 점을 알고 있어야 한다.

>> 갖추어야 할 것

- 사료(기존에 먹던 건사료, 습식사료), 소량의 간식, 사료 그릇, 물그릇(최소 2개), 치약, 칫솔
- 화장실(최소 2개), 화장실 모래(기존에 쓰던 모래), 모래 삽
- 발톱깎이, 빗, 장난감, 이동장(크레이트), 수직 스크래처, 수평 스크래처
- 수직 스크래처, 수평 스크래처 : 고양이가 긁을 때 움직이지 않도록 무겁고 견고하여야 하며, 수직 스크래처는 고양이가 몸을 충분히 뻗을 수 있게 높이는 80센티미터 이상이 좋다. 고양이가 이미 긁은 가구 근처와 고양이가 주로 시간을 보내는 장소에 비치하는 것이 좋다.
- 캣타워, 선반, 복층 계단 등 고양이를 위한 수직 공간

- 고양이가 쉴 수 있는 공간(고양이 하우스, 숨숨집 등)
- 창문 잠금 장치 및 방묘창

>> 갖추면 좋은 것

- 캣닢
- 여러 종류의 간식(츄르, 습식캔, 쿠키, 스틱, 건조 간식 등)

>> 치워야 할 것

- 먹을 위험이 있는 물건(실, 머리끈, 고무, 이어폰, 충전기, 귀걸이, 목걸이, 사람 의약품 등)
- 고양이가 쓰러뜨릴 위험이 있는 식탁 혹은 장식장 위의 물건(액자, 화분, 장식품, 그릇, 컵 등)
- 독성이 있는 식물(백합, 튤립, 아이비, 알로에, 칼라디움, 소철, 필로덴드론, 디펜바키아 등)
- 독성이 있는 사람 간식(초콜릿, 자일리톨, 커피, 주류 등)

+ 입양 날 CHECK PONIT

- 이동장을 이용해 고양이를 데려온다.
- 이동장 안에는 고양이가 사용하던 담요나 수건을 같이 넣어 준다.
- 집 안 조용한 방 한 구석에 고양이만의 임시 공간을 내어준다.
- 임시 공간에 화장실과 사료 그릇, 물그릇을 놓아둔다. 단, 화장실과 식사 공간은 거리를 두어야 한다.
- 임시 공간에 이동장을 놓고 문을 열어놓은 뒤 고양이가 스스로 나오길 조용히 기다린다.

- 고양이가 이동장 밖으로 나왔다면 집 안을 천천히 탐색하도록 지켜보며 고양이가 집사에게 다가왔다면 갑자기 만지거나 큰 소리를 내지 않도록 한다.

- 고양이가 집 안을 잘 돌아다닌다면 화장실과 사료 그릇, 물그릇의 위치를 집사가 원하는 곳으로 옮긴다. 단, 화장실은 조용한 곳에 두어야 한다.
- 고양이가 새로운 환경과 집사에 익숙해지기까지는 며칠에서 몇 주가 걸릴 수 있다.
- 장난감과 간식을 통해 고양이와 천천히 친해지도록 한다.

 고양이 합사 환경 만들기

- 고양이는 변화를 싫어하는 철저한 영역 동물이다. 합사는 생활 패턴의 큰 변화이자 서로의 영역을 공유하는 것이므로 두 고양이 모두에게 스트레스가 될 수 있다는 점을 알고 있어야 한다.
- 새로운 고양이의 건강 상태를 알고 있어야 한다.
- 사료 그릇, 물그릇뿐만 아니라 스크래처, 수직 공간, 고양이 하우스, 장난감 등의 용품을 고양이 각자의 것으로 준비해야 한다.
- 화장실은 최소 고양이 마리 수 + 1 개를 준비해야 한다.

- 성묘보다는 14주령 이하의 새끼 고양이를 입양하는 것이 합사에 수월하다.
- 기존의 고양이와 다른 성별의 고양이를 입양하는 것이 합사에 수월하다.
- 새로운 고양이가 잠시 머물 공간을 미리 마련해 두고 안전문을 통해 기존의 공간과 분리시킨다.

+ 합사 과정 CHECK PONIT

- 새로운 고양이를 앞서 마련해놓은 공간에 입주시키고 기존의 고양이와 시선이 마주치지 않도록 안전문을 담요나 천으로 덮는다.
- 서로의 채취가 묻어 있는 일부 물건을 바꾸어 주어 서로의 냄새를 맡을 수 있게 한다.
- 안전문으로부터 먼 곳에서 각각의 고양이에게 밥을 주기 시작하여 그 거리를 조금씩 천천히 좁혀 나간다. 고양이가 편하게 밥을 먹을 수 있는 거리까지만 좁힌다.
- 안전문 근처에서 각각의 고양이에게 간식을 주고 놀아준다.
- 약 2~3일 뒤 두 고양이가 마주치지 않게 하면서, 기존 고양이는 새로운 고양이 방에, 새로운 고양이는 기존 고양이의 생활공간에 서로의 위치를 바꾸어 둔다. 서로의 공간을 충분히 탐색했다면 간식을 주거나 놀아준 뒤 다시 원래 위치로 바꾸어 주는 과정을 며칠간 반복한다.
- 두 고양이의 시선 교환을 시작한다. 안전문을 열어 서로 마주칠 수 있도록 하며 마주치는 순간에 각각의 고양이에게 간식을 준다.
- 간식을 주는 거리를 좁혀 가면서, 장난감으로 함께 놀 수 있도록 유도한다.
- 두 고양이가 서로에게 적응하는 데에는 짧게는 며칠에서 길게는 1년 이상이 걸릴 수 있다. 서로에 대한 경계가 풀렸다고 생각될 때 안전문을 제거한다.

고양이와 개의 합사 환경 만들기

- 고양이가 개를 피해 쉴 수 있는 장소가 준비되어 있어야 한다. 개가 들어갈 수 없도록 안전문을 설치한 방에 고양이의 먹이 그릇과 화장실, 스크래처를 둔다.
- 고양이가 개를 피해 올라갈 수 있는 높은 선반이나 수직 구조물이 집 안 곳곳에 준비되어 있어야 한다.

- 합사 과정은 서둘러서는 안 되며 서로가 스트레스를 받지 않도록 천천히 진행한다.
- 개와 고양이의 성격에 따라서 합사에 걸리는 시간은 달라질 수 있으며 몇 주에서 길게는 몇 개월이 걸릴 수 있다.
- 개가 있는 집에서 고양이를 입양할 경우, 고양이를 처음 집에 들일 때 개가 고양이에게 뛰어들지 않도록 개를 다른 방에 가둬 두는 것이 좋다.
- 고양이가 있는 집에서 개를 입양할 경우에도, 개를 처음 집에 들일 때 고양이가 직접 개를 마주치지 않도록 한다.
- 처음 며칠 동안은 고양이와 개를 완전히 분리한 상태로 두며, 새로운 환경에 적응할 시간을 주어야 한다.
- 서로의 채취가 묻어 있는 물건을 교환하여 냄새를 맡을 수 있게 한다.
- 며칠이 지난 후, 고양이와 개가 스트레스를 받지 않는 상황에서 몇 분 이내의 짧은 만

304

남을 시작한다.

- 개와 고양이를 만나게 하기 전에, 고양이의 발톱을 날카롭지 않게 다듬어 놓는다.

- 개와 고양이가 만날 때, 개는 목줄을 짧게 한 상태에서 고양이가 자유롭게 다가올 수 있도록 한다.

- 만약 개가 고양이를 향해 으르렁거리거나 달려들려고 한다면 합사를 더 이상 진행하는 것이 위험하며 통제가 어려운 경우 수의사와의 상담이 필요하다.

- 고양이가 두려워하는 경우, 억지로 개를 만나게 해서는 안 되며 충분한 시간을 들여서 천천히 합사 과정을 진행해야 한다.

- 개와 고양이가 가까이 있는 상태에서 평온한 상태를 유지한다면 간식을 주며 칭찬해준다.

- 합사 과정이 순조롭게 진행된다면 점차 같이 있는 시간을 늘려간다.

- 개와 고양이가 완전히 안전하게 합사되기 전까지는, 사람이 지켜볼 수 없을 때는 서로를 분리해 두어야 한다.

 고양이와 아기가 함께 살 환경 만들기

+ 아기가 태어나기 전 CHECK PONIT

- 고양이를 통한 톡소플라즈마 감염증은 거의 발생하지 않지만 조금의 가능성이라도 없애기 위해, 임산부가 있는 집에서는 고양이를 집 밖으로 나가지 않게 한다.

- 톡소플라즈마 감염증 예방을 위해 임산부와 고양이 모두 날 음식 섭취를 피해야 한다.

- 고양이는 갑작스러운 변화에 두려움을 느끼고 스트레스를 받기 때문에, 아기가 태어나면서 변화될 상황을 미리 준비하는 것이 좋다.
- 아기가 태어나기 전 아기가 쓸 가구와 용품을 미리 준비하여 고양이가 새로운 가구와 용품에 두려움을 갖지 않도록 한다.
- 아기 침대나 아기 방에 고양이가 뛰어들지 못하도록 방묘문을 설치한다.
- 고양이 화장실 위치가 아기 방과 가까울 경우 천천히 화장실 위치를 옮긴다.
- 아기가 태어난 후 고양이를 주로 돌볼 사람이 바뀔 예정이라면, 아기가 태어나기 전부터 한 달에서 두 달 정도의 기간을 두고 천천히 변화를 주어 고양이에게 적응할 시간을 주는 것이 좋다.
- 고양이와 놀이를 하거나 고양이에게 간식을 주는 동안 아기 울음소리를 조금씩 들려주어 아기소리에 익숙해질 수 있게 한다.

+ 아기가 태어났을 때 CHECK PONIT

- 아기가 집으로 오면 조용한 환경에서 고양이와 만날 수 있도록 한다.
- 아기를 감쌌던 담요나 아기가 입었던 옷을 고양이 근처에 두어 고양이가 아기 냄새를 맡고 충분히 탐색할 수 있는 시간을 준다.
- 안전을 위해 보호자가 지켜보지 않을 때는 고양이가 아기 근처로 가지 못하게 해야 한다.
- 아기를 돌보느라 고양이에게 소홀해질 수 있으므로 부부의 적절한 역할 분담이 필요하다.

고양이 행동 교육하기

고양이는 강아지와는 다르게 먹을 것에 잘 유혹당하지 않아서 훈련이 어렵다. 먹을 것을 좋아하는 고양이의 경우 강아지처럼 '손'도 가능하기도 하다.

간식을 이용해 행동 교육을 할 경우, 주는 시점이 중요하다. 시점에 따라서 의미가 달라지기 때문이다. 예를 들어 발톱을 깎는다고 할 때, 가장 좋은 시점은 언제일까?

깎기 전	깎으면서	깎기 후
미끼 ──────→	스트레스 줄여 주기 ──────→	칭찬

깎기 전 : 미끼로 간식을 쓰는 것을 반복할 경우 고양이가 먼저 겁을 먹고 도망친다.

깎으면서 : 간식을 먹으면 안정감을 주는 부교감신경이 작동하기 때문에 고양이에게 스트레스가 될 만한 행위를 할 때 간식을 주면 스트레스를 줄여준다.

깎은 후 : 고생했다는 의미의 칭찬의 의미를 가진다.

깎으면서, 깎은 후는 좋은 타이밍이지만, 깎기 전은 권하지 않는다.

정석으로 불리는 행동교육 방식으로 긍정강화, 부정강화, 긍정처벌, 부정처벌이 있다.

긍정 : 행위를 함으로써 교육하거나, 동물이 행위를 했을 때 교육하는 방식

부정 : 행위를 하지 않음으로써 교육하거나, 동물이 행위를 했을 때 교육하는 방식

강화 : 행동을 유도하는 것

처벌 : 행동을 멈추는 것

- 행동교육 방식 예시

	긍정 (주다)	부정 (없애다)
강화 (행동유도)	손을 주었을 때 간식 주기	울음 멈추면 크레이트에서 꺼내주기
처벌 (행동 멈추기)	손을 물면 레몬스프레이 뿌리기	손을 물면 외면하기 (관심 안 주기)

최근에는 긍정강화와 부정처벌만을 사용할 것을 추천한다. 부정강화와 긍정처벌은 고양이가 집사를 싫어하게 만들기 때문이다. 특히 부정처벌은 간식에 흥미가 없는 고양이라도 효과가 있다.

긍정강화를 이용한 것으로 클리커 훈련이 있다. 클리커는 누르면 '딱' 소리를 내는 도구

로 매번 다른 말, 다른 어투로 칭찬하는 대신 일
정한 소리로 칭찬하기 위해 사용한다.

클리커 소리가 나면 간식을 준다는 것을 교육
하고 이를 이용해서 '손', '앉아' 등을 교육할 수
있다. 다만 간식을 정말 좋아하는 고양이만 가
능하다.

 우리 고양이 행동 읽기

- 하루 30분 이상 운동은 필수 → 다양한 장난감을 준비한다
- 고양이는 수직공간이 중요 → 캣폴, 캣타워 준비
- 장난감에 반응이 없을 때 → 놀이시간 외에 장난감들 숨겨 두면 좋다
- 잠깐 놀다가 다른 데로 가버릴 때→ 레이저보다는 사냥 본능을 자극할 수 있는 잡히
  는 장난감이 좋다
- 혼자 있는 시간이 많을 때 → 한 마리 더 입양 고려, 충분히 놀아 주기
- 침대, 소파를 긁을 때 → 수평 외에 수직스크래처도 준비, 캣휠도 괜찮다
- 여기저기 소변을 눌 때 → 중성화 수술 고려
- 화장실 아닌 곳에 오줌을 눌 때 → 모래를 먼저 바꾸기, 화장실 바꾸기, 화장실 위치
  변경

》》 꼬리

- 수직으로 세움 : 친근감

- 수직으로 세우고 꼬리 위만 살짝 구부려짐 : 호기심, 반가움

- 수직으로 세우고 진동하듯이 가볍게 떨음 : 아주 반가움

- 수직으로 세우고 털이 모두 세워지고 부푼 상태 : 공격, 화남

- 아래로 떨구고 털은 모두 세워지고 부푼 상태 : 두려움, 방어, 공격

- 다리 사이로 숨김 : 두려움, 싸울 생각은 없음

- 수평 : 편안, 우호적

- 좌우로 휙휙 : 짜증

- 늘어진 꼬리 끝 진동하듯 살랑살랑 : 흥미로움, 탐색

》》 소리

- 짹짹 : 얼른 밥 줘

- 그르렁, 골골송 : 만족. 불안할 때, 아플 때도 낼 수 있음

- 야옹 : 고양이들끼리 흔히 쓰진 않음. 사람과 의사소통 용도로 배고픔, 외로움 등을 표현

- 으르릉 : 낮고 긴 소리로 스트레스를 받을 때, '오지 마! 하지 마!'의 의미

- 하악질 : 두려움, 공격 전 경고 의미

- 채터링 : 이를 부딪히며 내는 딱딱 소리로 창밖의 새를 보고 흥분하거나 장난감으로 놀 때 냄

고양이와 놀아 주기

+ 놀이가 중요한 이유

- 집사와 고양이의 친밀도를 높여준다.
- 적절한 체중을 유지하고 근육을 발달시키는 운동이기도 하다.
- 사냥본능을 어느 정도 충족시킬 수 있다.
- 스트레스를 해소하는 훌륭한 방법이다.

+ 장난감의 종류

>> 고양이 혼자 놀 수 있는 장난감

- 캣닢이 들어 있는 쿠션
- 바스락 소리가 나는 인형
- 고양이가 드나들 수 있는 터널
- 자동으로 움직이는 전자 장난감

>> 집사와 함께 노는 장난감

- 막대기나 낚싯대에 달린 깃털이나 쥐
- 고양이를 위해 개발된 스마트기기 어플
- 집사가 직접 만든 여러 가지 장난감

〉〉 새끼 고양이와 놀아 주기

- 새끼 고양이 두 마리가 함께 논다면 자연스럽게 에너지를 해소할 수 있다.

- 어떤 물건에도 흥미를 보이므로 재미있게 놀 수 있다.

- 날카롭거나 삼킬 수 있을 정도의 위험한 물건은 관심이 닿을 수 없는 곳으로 치워야
한다.

- 천으로 된 적당한 크기의 작은 인형이 적절하다.

- 사람의 손이나 발을 장난감으로 인식하지 않도록 주의해야 한다.

〉〉 성묘와 놀아 주기

- 고양이가 좋아하는 종류의 장난감 여러 가지를 준비하고 매일 바꿔준다.

- 놀이를 할 때만 꺼내 놓아야 고양이가 매번 관심을 갖는다.

- 장난감을 실제 쥐나 새처럼 움직여야 고양이가 흥미를 느낄 수 있다.

- 너무 쉽게 잡히지 않되, 결국에는 사냥에 성공하는 성취감을 느낄 수 있도록 패턴을
설정한다. 쉽게 잡히지 않다가 적당한 때 한번씩 잡혀준다.

- 원래 야행성 동물이므로 놀이 시간에는 조명을 약간 어둡게 조절하는 게 좋다.

+ 고양이와 놀 때 CHECK PONIT

- 레이저는 잡히지 않아서 흥미를 못 느끼는 고양이가 있다. 이 경우 레이저를 잡았을
때 간식을 주면 좋다.

312

- 낚싯대나 깃털로 놀 때 고양이가 세게 잡으면 아예 놔주고, 고양이가 힘을 풀면 다시 놀아준다.
- 낚싯대나 깃털을 고양이가 세게 잡으면 간식을 주는 것도 사냥 본능을 충족시켜주는 좋은 방법이다.

+ 유의 사항

- 짧게라도 매일 놀아 주는 편이 좋다.
- 한번에 10~15분간, 하루에 30분 이상 놀아준다.
- 고양이마다 놀이를 좋아하는 정도가 다르므로 성향에 따라 빈도와 시간을 맞춰준다.
- 고양이와 처음 놀이를 할 때 간식으로 보상을 해 주면 놀이를 더욱 즐길 수 있다.
- 고양이는 환경 변화에 민감한 영역 동물이기 때문에, 고양이와의 놀이로 '산책'은 추천하지 않는다. 자기 영역을 벗어나 낯선 환경에 노출되는 산책은 고양이에게 놀이가 아닌 스트레스가 될 가능성이 높다.

화장실 모래 종류와 청소법

- 응고형 모래는 고양이가 좋아하는 형태이고 냄새를 흡수하는 기능도 우수하지만 고양이가 용변을 덮는 과정에서 날림이 심해 주변이 사막화 될 수 있다.
- 흡수형 모래는 관리가 쉽지만 상대적으로 고양이의 선호도가 낮고 흡수 능력이 떨어진다.
- 대부분의 고양이들은 냄새가 나지 않고 알갱이가 작은 모래를 선호한다.
- 하지만 고양이마다 선호하는 모래가 다르므로 가장 좋아하는 모래를 선택하면 된다.

>> 응고형 모래

❶ 벤토나이트
- 광물의 일종으로, 수분을 흡수하는 능력이 탁월하여 널리 사용된다.
- 알갱이가 작아서 실제 모래와 유사하므로 많은 고양이들이 선호한다.
- 수분을 흡수하여 굳어져 뭉친 덩어리와 대변을 삽으로 떠서 버린다.
- 변기에 버리면 막히므로 비닐 봉투에 모아서 버린다.

❷ 두부모래
- 콩비지로 만든 것으로 수분이 닿으면 굳는다.
- 마찬가지로 뭉친 덩어리와 대변을 삽으로 떠서 버린다.
- 변기에서 풀리는 성질이 있어서 변기에 버려도 무방하지만 장기간 사용시 막히는 경우도 있다.

》흡수형 모래

❸ 우드펠렛

- 가루화된 목재가 압축된 형태로, 수분을 흡수하면 풀리고 부스러지는 성질이 있다.
- 거름망 화장실과 함께 사용하는데, 대변은 삽으로 퍼서 버리고 거름망 밑으로 떨어진 모래 가루는 모아서 비닐 봉투에 버린다.

❹ 실리카겔

- 실생활에서 옷이나 음식 등의 제습제로 많이 사용되며 수분을 흡수하는 능력이 뛰어나다.
- 소변은 실리카겔이 흡수하도록 두고, 마른 상태의 대변만 치워준다.
- 모레가 전체적으로 노랗게 변하면 탈취력과 흡수력이 저하된 것으로 전부 교체해준다.

+ 화장실 청소 유의 사항

- 고양이가 모래를 파고 배설물을 충분히 덮을 수 있도록 하기 위해서, 깊이가 적어도 5~10센티미터 정도 되도록 유지시켜 주는 것이 필요하다.
- 하루에 최소 한 번 이상 화장실의 똥과 오줌을 치워 줘야 한다.
- 정해진 시간에 청소를 하면 배설물의 양과 빈도를 파악하고 건강상태를 체크할 수 있다.

우리 고양이 잘 먹이는 법

+ 식기 관리 방법

- 식기의 재질은 플라스틱보다는 도기나 스테인레스 스틸이 좋다.

- 식기는 입구가 넓어서 고양이의 수염이 잘 닿지 않는 것이 선호된다.

- 그릇은 매일 씻어준다. 설거지 이후에는 세제 성분이 남지 않도록 뜨거운 물로 충분히 헹군다.

- 물기가 남지 않도록 닦거나 잘 건조한 뒤에 물이나 사료를 넣어 급여한다.

- 다묘 가정인 경우 고양이마다 먹이 그릇을 준다. 한 그릇에 주면 힘이 센 고양이가 독차지할 수 있다.

+ 사료 관리

- 건식 사료는 개봉 이후에는 밀봉이 가능한 통에 옮겨 담아 관리하는 것이 좋다.

- 습식 사료의 비닐 포장 또는 캔 포장을 개봉한 이후에는 밀폐된 용기에 옮겨 담아 냉장고에 보관한다.

+ 물 관리

- 고양이는 신선한 물을 좋아한다.

- 물에 먼지나 다른 음식물이 들어가 있거나, 오래 되었다면 고양이가 물을 마시지 않

316

으려 할 수 있다.

- 물은 하루에 두 번 이상 새로운 물로 갈아준다.

- 고양이는 흐르는 물을 좋아하므로 고양이용 정수기 등을 활용하는 것도 좋다.

고양이 약 먹이기, 안약 넣기

>> 필건, 간식이나 습식 사료에 섞는다

- 고양이가 약 먹기를 극도로 싫어하는 경우 필건이라는 제품을 사용하면 수월하게 먹일 수 있다.

- 필건이 없다면 부드러운 간식이나 습식 사료에 약을 섞으면 좀 더 수월하다. 다만 고양이가 약이 들어 있는 것을 쉽게 눈치 챌 수 있고, 먹는 것을 싫어하게 될 소지가 있으므로 가급적 필건을 사용한다.

- 주로 먹는 습식사료에 대해 거부감이 생기는 것을 방지하기 위해서 주로 먹는 습식사료가 아닌 다른 습식사료 조금에 약을 섞어 준다.

- 원래 밥을 먹는 곳이 아닌 장소에서 다른 그릇을 이용해서 약이 섞인 습식 사료를 준다.

- 주먹밥을 만들듯이 부드러운 간식 사이에 약을 숨긴다.

- 그리니즈 필 포켓을 사용하면 도움이 된다. 약을 그리니즈 필 포켓의 가운데 주머니 같이 뚫린 부위에 넣은 뒤에 위쪽을 손가락으로 집어서 닫아준다. 약이 없는 사료와 같은 맛으로 느껴지므로 간식으로 생각하고 먹는 편이다.

>> 직접 먹일 경우

- 주로 사용하는 손으로 약을 잡고, 이 손으로 고양이의 아래 턱을 잡아서 연다. 반대 손으로는 고양이의 머리를 감싸듯이 위치시킨 뒤에 송곳니 뒷부위를 잡는다. 약은 고양이가 뱉지 않도록 가급적 목구멍 깊숙하게 넣는다. 그 다음 조심스럽게 목 부위

를 문질러서 고양이가 약을 삼키도록 한다.

- 고양이가 약을 먹은 다음에는 보상을 주며 긍정적인 기억을 반복적으로 강화해야 한다. 고양이가 좋아하는 부위를 쓰다듬거나 긁어준다던지, 좋아하는 간식을 주거나 좋아하는 장난감으로 놀아줄 수도 있다.

>> 약 먹일 때 유의사항

- 약을 먹이기 위해서 고양이를 쫓거나, 화장실에서 볼일을 볼 때 또는 밥을 먹을 때 고양이를 갑자기 잡지 않도록 한다.
- 고양이를 잡을 땐 정면으로 확 다가가지 말고 침착하게 옆이나 뒤에서 조심스럽게 고양이를 잡는다.
- 만일 고양이가 앞발로 약을 밀어낼 경우 담요나 수건으로 고양이를 감싼다.

+ 안약 넣는 방법

- 안약을 넣을 때에는 끝의 팁 부위가 고양이의 눈이나 피부 등에 닿지 않도록 각별히 주의한다.
- 안약을 든 손의 새끼손가락 옆면을 고양이의 얼굴에 대고 지지하면 흔들림 없이 약을 넣는데 도움이 된다.
- 안약을 여러 개 넣는 경우 5분 정도의 간격을 두고 넣어야 한다. 상세한 주의 사항은 담당 수의사의 권고를 따른다.
- 안연고를 넣어 주는 경우에도 끝의 팁 부위가 아무데도 닿지 않도록 각별히 주의한다.
- 연고를 짠 이후에 고양이가 눈을 깜빡여서 연고가 잘 들어갔는지 살펴본다.

수의사가 가장 많이 듣는 질문 243개를 모은

집사의 매뉴얼

초판 1쇄 발행 2019년 9월 20일 **초판 2쇄 발행** 2023년 6월 15일

지은이 냥캐스트
펴낸이 이승현

기획팀 오유미
디자인 함지현
일러스트 문혜진

펴낸곳 ㈜위즈덤하우스 **출판등록** 2000년 5월 23일 제13-1071호
주소 서울특별시 마포구 양화로 19 합정오피스빌딩 17층
전화 02) 2179-5600 **홈페이지** www.wisdomhouse.co.kr

ISBN 979-11-90305-47-1 13490